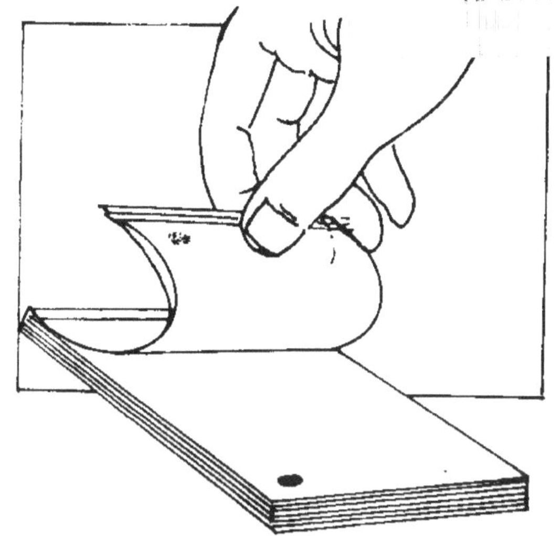

विज्ञान जमती

डॉ. अरुण मांडे

मेहता पब्लिशिंग हाऊस

◆ *या पुस्तकातील लेखकाची मते, घटना, वर्णने ही त्या लेखकाची असून त्याच्याशी प्रकाशक सहमत असतीलच असे नाही.*

VIDNYAN JAMATI by Dr. ARUN MANDE

विज्ञान जमती : डॉ. अरुण मांडे / वैज्ञानिक

Email : author@mehtapublishinghouse.com

© मेहता पब्लिशिंग हाऊस

प्रकाशक   : सुनील अनिल मेहता, मेहता पब्लिशिंग हाऊस,
                १९४१, सदाशिव पेठ, माडीवाले कॉलनी, पुणे - ४११०३०.

प्रकाशनकाल : मार्च, १९९५ / फेब्रुवारी, २००३ / नोव्हेंबर, २००५
                एप्रिल, २००८ / मार्च, २०११ / ऑगस्ट, २०१३ /
                पुनर्मुद्रण : डिसेंबर, २०१८

मुखपृष्ठ व
आतील चित्रे : दीपक संकपाळ

P Book ISBN 9788177663181
E Book ISBN 9789353171759
E Books available on : play.google.com/store/books
                              www.amazon.in

नेहा आणि मोनिकास

अरुणकाका

१. मोटारकार कशी चालते?

कारमध्ये पेट्रोल भरलं की, इंजिन सुरू होतं आणि गाडी पळायला लागते हे तुम्हाला माहीत आहे; परंतु इंजिन कसं सुरू होतं हे तुम्हाला माहीत आहे का? ते फारसं अवघड नाही. एका साध्या प्रयोगावरून तुम्हाला ते समजेल.

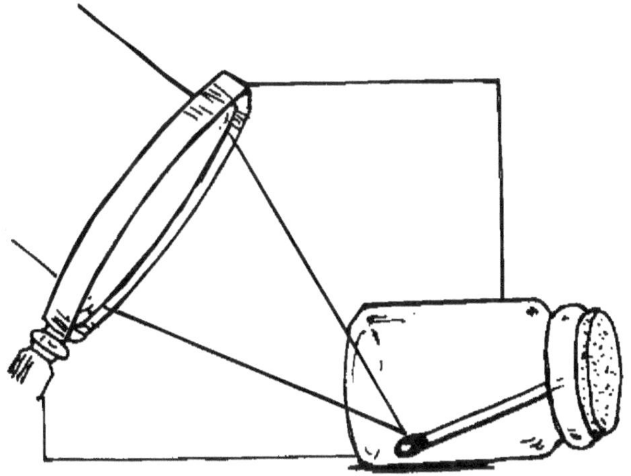

इंजेक्शनची एक छोटीशी बाटली घ्या. त्याला रबराचं झाकण असतं. काड्याच्या पेटीमधल्या दोन काड्या घ्या. त्यांच्या गुलाचं टोक बाटलीच्या तळाकडे राहील, अशा तऱ्हेने काड्या बाटलीत ठेवा. बाटलीचं रबराचं झाकण पाण्यामध्ये भिजवून बाटलीला बसवा. झाकण पक्कं बसवू नका. अर्धवट बसवा.

आता बाटली उन्हामध्ये ठेवा. भिंगाच्या साहाय्याने सूर्याचे किरण काडीच्या गुलावर एकत्रित करा. काही वेळानं काड्या पेट घेतील. काड्या पेट घेताच काय होईल माहितेय? बाटलीचं झाकण उडून दूर जाऊन पडेल.

मोटारकारच्या इंजिनचं कार्यही असंच असतं. इंजिनमध्ये गुलाची काडी नसते, तर पेट्रोलचा फवारा असतो. पेट्रोल आणि हवा यांचं मिश्रण फवाऱ्याच्या रूपानं बाहेर पडत असतं. त्या मिश्रणाला पेटवण्यासाठी इंजिनमध्ये भिंग नसतं तर 'स्पार्किंग प्लग' असतो. त्यातून ठिणग्या बाहेर पडतात. पेट्रोल आणि हवेचं मिश्रण पेट घेतं. एक छोटासा स्फोट होतो. त्याच्या धक्क्याने पिस्टन ढकलला जातो.

पिस्टनच्या धक्क्याने भुजादंड (क्रॅंज शाफ्ट) फिरायला लागतो आणि भुजादंड फिरल्यामुळे गाडीची चाकं फिरायला लागतात. अशा तऱ्हेने गाडी पळायला लागते.

●

२. विमान हवेत कसं उडतं?

याचं उत्तर अगदी सोपं आहे. विमानातल्या इंजिनमुळे. हो ना?

मग ग्लायडर हवेत कसं उडतं? त्याला तर इंजिन नसते. उत्तर माहीत नाही ना?

खरं उत्तर असं आहे. विमानाच्या पंखांचा जो आकार असतो त्याच्यामुळे विमान हवेत उडतं. पंखांचा जो खास आकार असतो त्याला वातपर्ण (AEROFOIL) असं म्हणतात. त्याच्या खास आकारामुळे पंखांच्या वरच्या बाजूने जाणारी हवा खालच्या बाजूने जाणाऱ्या हवेपेक्षा वेगाने जाते. शिवाय वरून आणि खालून

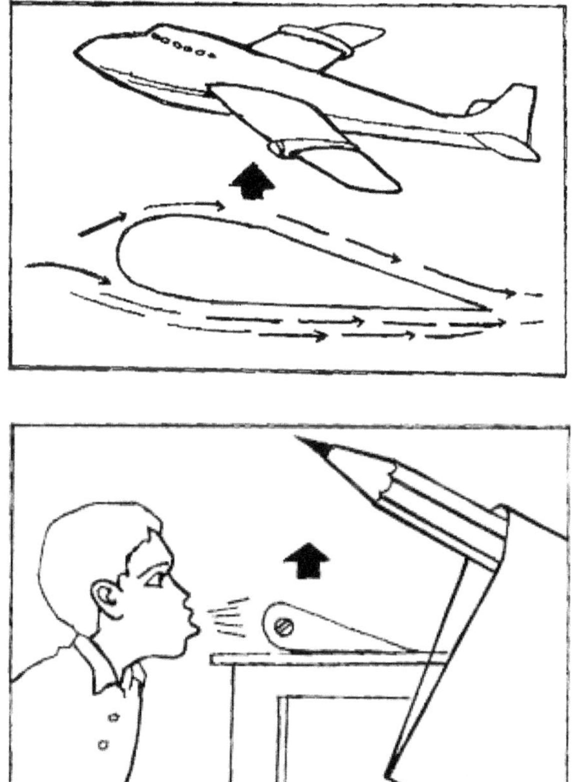

जाणारी हवा पंखांच्या मागच्या बाजूला एकत्र होते.

हवेचा वेग जितका जास्त तितका दाब कमी असतो. म्हणून पंखांच्या वरून वेगाने जाणाऱ्या हवेचा दाब पंखांच्या खालून जाणाऱ्या हवेपेक्षा कमी असतो. त्यामुळे नुसते पंखच नाहीत, तर संपूर्ण विमान हवेत उडायला लागतं.

पंखांच्या वरच्या आणि खालच्या हवेच्या दाबामधला फरक आणि त्यामुळे निर्माण होणारी शक्ती याला 'उच्चालक प्रेरणा' (LIFT FORCE) असं म्हणतात. हे समजून घेण्यासाठी एक छोटासा प्रयोग करा.

३० सेंमी × ५ सेंमीचा एक तुकडा घ्या. अरुंद टोकाकडून तो कागद दोन्ही हातांनी धरा आणि त्याच्यावर जोरात फुंकर मारा. कागद वर उचलला जाईल. कारण? तेच! कागदाच्या वरून जाणाऱ्या हवेचा वेग कागदाच्या खालून जाणाऱ्या हवेच्या वेगापेक्षा जास्त असतो. त्यामुळे कागद वर उचलला जातो.

आता ५ सेंमीकडचे दोन्ही कोपरे एकत्र करा. त्यात पेन्सिल घाला. आकृतीत दाखवल्याप्रमाणे टेबलाच्या एका कोपऱ्याला अडकवून ठेवा आणि कागदाच्या वरच्या बाजूने जोरात फुंकर मारा. उच्चालक प्रेरणेमुळे कागद वर उचलला जाईल. कागदाचा हा आकार विमानाच्या पंखासारखा असतो.

●

३. जेट विमान कसं उडतं?

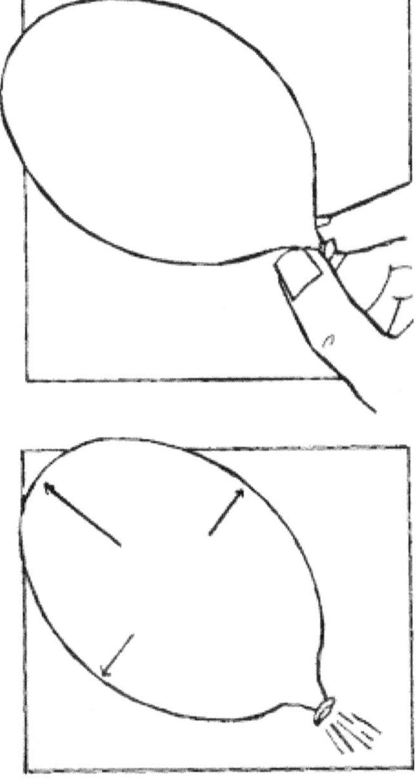

एक फुगा घ्या. त्यामध्ये तोंडानं हवा भरा. फुग्याचं तोंड दाबून धरा म्हणजे त्यातून हवा बाहेर येणार नाही आणि फुगा फुगलेलाच राहील.

आता फुग्यावरची पकड सैल करा. फुग्यातून बाहेर आलेल्या हवेचा तुमच्या हाताला स्पर्श होईल आणि त्याबरोबरच फुगा समोरच्या बाजूला ढकलला जाईल.

जेट विमानसुद्धा याच पद्धतीनं पुढं जातं.

फुग्यामध्ये आपण हवा भरतो त्यावेळी जोर देऊन हवा भरतो. आतमध्ये गेलेल्या हवेचा दाब फुग्यामध्ये सर्व बाजूने सारखा असतो. त्यामुळे फुगा फुगलेला राहतो. जोपर्यंत फुग्याचं तोंड बंद असतं तोपर्यंत फुगा तसाच फुगलेला राहणार; परंतु हाताची पकड सैल होताच सर्व बाजूने असलेला हवेचा दाब एकदम कमी होतो. तरीसुद्धा थोडीशी हवा फुग्यामध्ये अजूनही असते. त्याचा थोडासा का होईना दाब अजूनही असतो. त्यामुळेच फुगा विरुद्ध बाजूला हवेत उडत जातो.

फुग्यातली हवा संपूर्णपणे बाहेर पडेपर्यंत ही क्रिया चालू राहते. हवा फुग्याच्या तोंडातून ज्या दिशेला बाहेर पडते त्याच्या विरुद्ध बाजूला फुगा उडत जातो.

जेट विमानसुद्धा याच पद्धतीने उडतं.

४. मौत का कुवाँ

सर्कसमधला हा खेळ सगळ्यांनीच पाहिला असेल. एका प्रचंड गोलाकार पिंजऱ्यामध्ये मोटारसायकलवर बसून एक माणूस वेगानं मोटारसायकल चालवतो. तो उलटा होतो, तरीसुद्धा खाली पडत नाही. का?

प्लॅस्टिकची एक छोटीशी बाटली घ्या. १/३ पाण्यानं भरा. अर्धा मीटर लांबीची दोरी बादलीच्या कडीला बांधा.

आता मोकळ्या जागेत किंवा मैदानात स्टुलावर उभे राहा. बादलीची दोरी हातात घेऊन पायाकडून डोक्याकडे आणि डोक्याकडून पायाकडे अशा तऱ्हेने गरगर फिरवा. बादलीचा तळाचा भाग तुमच्या हाताच्या विरुद्ध राहील अशी काळजी घ्या.

बादली गरगर फिरवत असताना एक क्षण असा येतो की, त्या वेळेस ती पूर्ण उलटी झालेली असते; परंतु त्यातलं पाणी खाली पडत नाही.

ज्या शक्तीमुळे किंवा बलामुळे पाणी खाली पडत नाही त्याला 'केन्द्रोत्सारक बल' असं म्हणतात. एखादी वस्तू वर्तुळाकार फिरत असेल, तर वर्तुळाच्या केंद्रबिंदूपासून या बलाचं अंतर जास्तीत जास्त असतं.

वर्तुळाकार फिरण्याची गती जेवढी जास्त तेवढं हे केन्द्रोत्सारक बल जास्त असतं.

या केन्द्रोत्सारक बलामुळेच पिंजऱ्यातला मोटारसायकलस्वार उलटा झाला, तरी खाली पडत नाही.

●

५. गाडीचा ब्रेक अचानक दाबल्यानंतर आपला तोल का जातो?

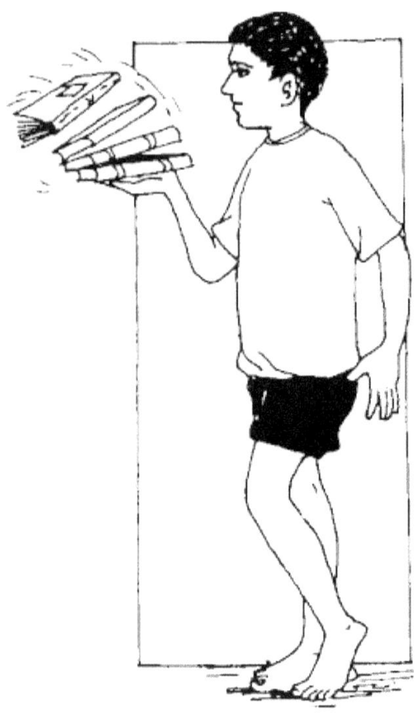

बसमध्ये हा अनुभव तुम्हाला बऱ्याचदा आला असेल. अचानक ब्रेक दाबला की, बसल्या जागीच तुम्ही पुढे ढकलले जाता. असं का होतं?

हात पुढे सरळ धरून त्यावर पाचसहा पुस्तकं ठेवा. हात तसाच ताठ ठेवून भरभर चालत जा आणि अचानक थांबा. काय होतं बघा. हा प्रयोग कितीही वेळा केला, तरी त्याचा परिणाम सारखाच दिसेल.

तुम्ही अचानक थांबलात की, तुमच्या तळहातावरची पुस्तकं समोरच्या दिशेने खाली पडतील. याला जडताचा नियम (LAW OF INERTIA) म्हणतात. एखादी वस्तू वेगाने ज्या दिशेला जात असेल, तर अडथळा येईपर्यंत ती त्याच दिशेने जात राहते. बसचा ब्रेक लागला की, असंच होतं. बसचा वेग कमी होतो; परंतु तुम्ही त्याच दिशेने पुढे जात असता. म्हणून तुमचा तोल जातो.

●

६. आणखी एक उदाहरण

बस चालू होताना तुम्ही मागे ढकलले जाता. असं का होतं? त्यासाठी एक साधा प्रयोग करा.

एका ग्लासवर जाड पुठ्ठ्याचा चौकोनी तुकडा ठेवा. त्यावर एक नाणं ठेवा. टिचकी मारून पुठ्ठा समोर उडवा. तुमचा अंदाज काय? काय होईल? पुठ्ठ्याबरोबर नाणंही उडून जाईल?

तसं होणार नाही. पुठ्ठा समोरच्या दिशेने उडून जाईल, पण नाणं मात्र ग्लासात पडेल.

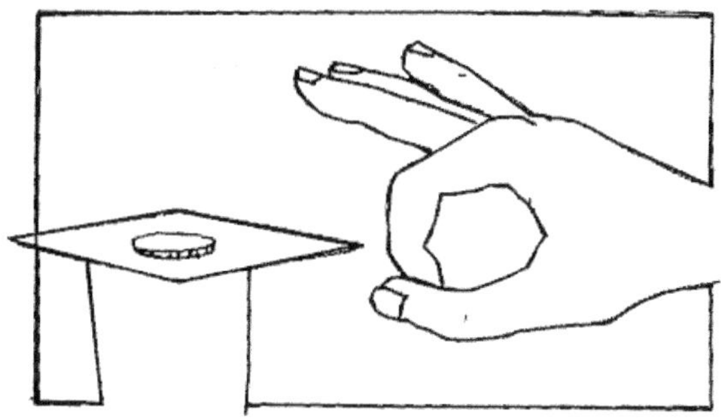

दोन-तीन वेळा प्रयत्न करा. तुम्हाला ते जमेल; परंतु याचं कारण तुम्हाला समजलं का?

टिचकी मारल्याबरोबर पुठ्ठा वेगानं पुढे जातो; परंतु त्यावर ठेवलेलं नाणं मात्र त्या वेगानं जात नाही. ते ग्लासात पडतं. यालाच जडतेचा नियम म्हणतात. एखादी स्थिर असलेली वस्तू बाह्यशक्तीनं हलवेपर्यंत स्थिरच राहते.

७. गॅलिलियोचा प्रयोग घरीच करा

पिसाच्या मनोऱ्यावर चढून गॅलिलियोने केलेला प्रयोग तुम्ही पुस्तकातून वाचला असेल. वेगवेगळ्या वजनाचे दगड वरून टाकले, तरीसुद्धा ते एकाच वेळेस खाली येतात हे त्याने सिद्ध करून दाखवलं होतं. हा प्रयोग करण्यासाठी तुम्हाला पिसाच्या मनोऱ्यावर चढण्याची काही गरज नाही. तो तुम्हाला घरीसुद्धा करता येईल.

एका पाटावर ओळीने काही नाणी मांडून ठेवा. नाणी वेगवेगळ्या वजनाची असावीत.

मग तो पाट तुमच्या मित्राच्या डोक्यावर ठेवा. हवं तर त्याला एखाद्या स्टुलावर उभं राहण्यास सांगा. आता पाट तिरका करून सगळी नाणी खाली पाडण्यास सांगा. समोर उभं राहून नाणी जमिनीवर कशी पडतात बघा.

वजनं वेगवेगळी असली, तरी सगळी नाणी एकाच वेळेस खाली पडतील. आता एक नाणं आणि कागदाचा तुकडा टाकून बघा. दोन्ही एकाच वेळेस पडणार नाहीत. कागद तरंगत खाली येईल. पृथ्वीच्या गुरुत्वाकर्षणामुळे सगळी नाणी एकाच वेळेस जमिनीवर पडतात, पण कागद का पडत नाही?

कारण त्याला हवेचा विरोध सहन करावा लागतो. म्हणून तो हवेत तरंगत खाली येतो. नाणं आणि कागद एकाच वेळेस खाली येण्यासाठी काय करावं लागेल?

काही सुचतंय का?

नाणं कागदामध्ये गुंडाळा आणि वरून सोडा. आता हवेचा विरोध नसल्यामुळे दोन्ही एकाच वेळेस खाली येतील.

८. धरणाचा पाया रुंद का असतो?

नदीवर बांधलेलं धरण तुम्ही कधी बघितलंय का? वरच्या भागापेक्षा खालचा भाग म्हणजे पाया अतिशय रुंद असतो, हे तुमच्या लक्षात आलं असेल. त्याचं कारण तुम्हाला माहीत आहे का?

पावडरचा रिकामा उभा डबा घ्या. डब्याची उंची मोजा आणि त्याचे चार सारखे भाग होतील अशा त्यावर खुणा करा. खिळ्याने सारख्या अंतरावर (आकृतीत दाखवल्याप्रमाणे) भोक पाडा.

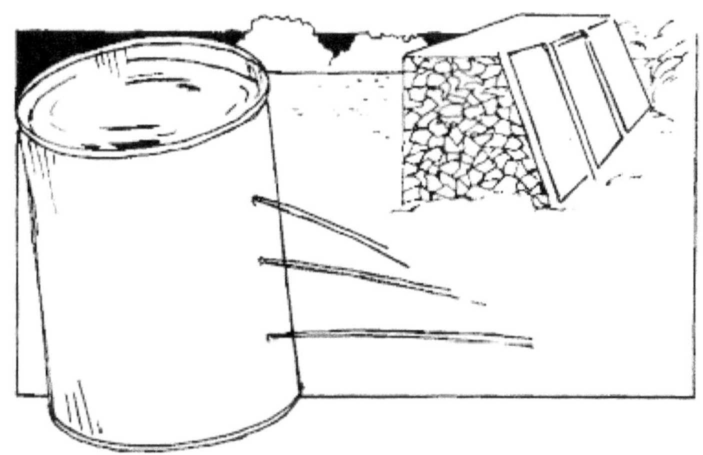

आता बाथरूममध्ये डबा नेऊन त्यात पूर्णपणे पाणी भरा. काय होतं बघा. तिन्ही भोकांतून पाणी वेगानं बाहेर येईल. पण जरा नीट लक्ष द्या. या तिन्हींमध्ये फार फरक आहे.

सगळ्यात खालच्या छिद्रातून बाहेर पडणारं पाणी सगळ्यात जास्त अंतरावर आणि जास्त वेगानं पडतं. मधल्या छिद्रातलं त्या मानानं कमी वेगाने आणि कमी अंतरावर पडतं आणि सर्वांत वरच्या छिद्रातल्या पाण्याचा वेग तर आणखीनच कमी असतो आणि अंतरही कमी असतं.

पहिल्या छिद्राच्या वर जेवढं पाणी असतं तेवढंच त्या छिद्रातून बाहेर पडतं.

पाण्याचा दाब कमी असल्यामुळे ते फारसं वेगाने बाहेर पडत नाही. म्हणूनच ते डब्याच्या अगदी जवळ पडतं.

परंतु सगळ्यात खालच्या छिद्राच्या वर डब्यामध्ये पूर्ण भरलेलं पाणी असतं. त्याचा दाबही जास्त असतो. त्यामुळे ते वेगाने बाहेर पडतं. म्हणूनच ते सगळ्यात लांब अंतरावर पडतं.

याचाच अर्थ पाण्याचा दाब खालच्या बाजूला सगळ्यात जास्त असतो.

धरण फुटू नये म्हणून त्याचा पाया अतिशय रुंद असतो. त्याचंही कारण हेच आहे. पाण्याचा दाब धरणाच्या पायाजवळ सगळ्यात जास्त असतो.

●

९. ढगांमध्ये एवढं पाणी कुठून येतं?

पावसाळ्यामध्ये ढगांमधून सतत पाऊस पडत असतो. काही वेळा तर चार-चार दिवस सतत पाऊस पडतो. एवढं पाणी ढगांमध्ये येतं कुठून?

हा प्रयोग करण्यासाठी तुम्हाला एक अॅल्युमिनियमची किटली घ्यावी लागेल. ती नसेल, तर कोणतंही मोठं भांडं चालेल. त्यावर बसेल असं एक झाकण मात्र हवं.

आता किटलीमध्ये पाणी घ्या. किटलीचं झाकण लावून गॅसवर पाणी उकळायला

ठेवा. भांड्यात पाणी उकळायला ठेवलं असेल तर त्यावर थोडी फट राहील असं झाकण ठेवा. म्हणजे त्यातून वाफ बाहेर पडेल.

आता एक दांडी असलेलं भांडं किंवा पॅन घ्या. त्यामध्ये बर्फाचे तुकडे किंवा थंडगार पाणी भरा. हे भांडं किंवा पॅन किटलीतून बाहेर पडणाऱ्या वाफेसमोर धरा. काय होतं बघा.

गरम झालेली वाफ बर्फ ठेवलेल्या पॅनच्या बाहेरच्या भागावर आदळते. त्यामुळे वाफेचे पुन्हा पाण्याच्या थेंबात रूपांतर होतं. पॅनच्या बाहेरच्या भागावर ते थेंब जमा होतात आणि खाली पडायला लागतात. कारण असे अनेक थेंब एकत्र झाले की, त्यांचं वजन जास्त होतं आणि तो मोठा थेंब खाली पडतो.

अगदी असंच पावसाचं होतं. सूर्याच्या उष्णतेमुळे नदी, तळी, समुद्र यांच्या पाण्यावरच्या पृष्ठभागावरून सतत पाण्याची वाफ तयार होत असते. ही वाफ आकाशात वरवर जाते. अगदी वरच्या भागात तापमान एकदम कमी असतं. त्यामुळे वाफ थंड व्हायला लागते आणि हळूहळू वाफेचं रूपांतर लहान लहान थेंबांत होतं. लहान लहान थेंब मिळून मोठे थेंब होतात. अशा मोठ्या थेंबांचा मग ढग तयार होतो. थेंबांचं वजन जेव्हा ढगाला सहन होत नाही तेव्हा ते थेंब खाली पडायला लागतात. त्यालाच आपण पाऊस म्हणतो.

१०. पाण्यावर सुई तरंगते

एखाद्या नदीमध्ये किंवा डबक्यामध्ये काही बारीक कीटक पाण्यावर आरामात चालत असताना तुम्ही पाहिले असतील. पाण्यावरही त्यांना कसं चालता येतं?

एका उथळ भांड्यामध्ये पाणी भरा. पाणी पूर्णपणे स्थिर होऊ द्या. त्यानंतर एक सुई अगदी अलगद पाण्यावर आडवी ठेवा. ती तरंगायला लागेल. सुरुवातीला तुम्हाला ते कदाचित जमणार नाही. बरेच वेळा प्रयत्न केल्यावर जमेल.

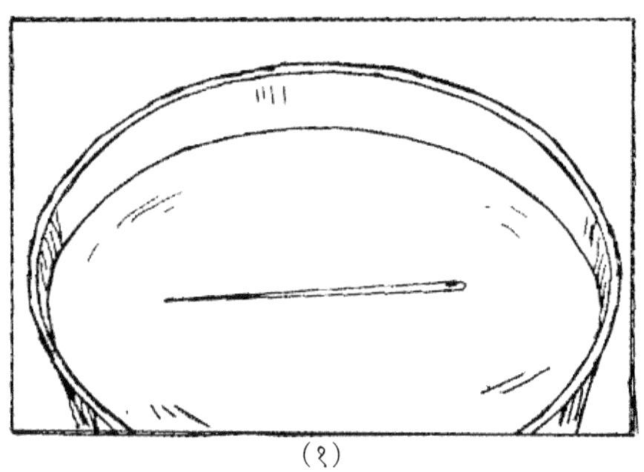

(१)

नाहीच जमलं, तर दुसरा प्रयोग करा.

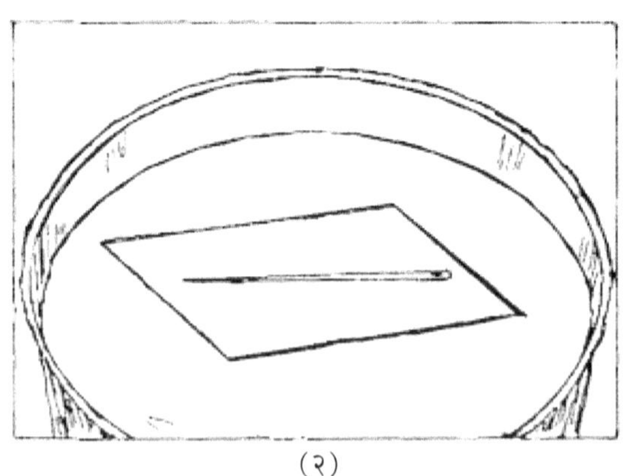

(२)

कागदाचा एक तुकडा पाण्यावर तरंगत ठेवा. कागदावर अलगदपणे सुई आडवी ठेवा. कागद पाण्यानं ओला झाला म्हणजे खाली जाईल. सुई मात्र पाण्यावर तरंगेल.

याचं कारण तुम्हाला माहीत आहे?

पाण्याच्या पृष्ठभागावर एक प्रकारचा ताण असतो. त्यामुळे सुई पाण्यावर तरंगते.

पाण्याचे कण (ज्याला रेणू म्हणतात) परस्परांना धरून ठेवतात. पाण्याच्या पृष्ठभागावरचे रेणू तर परस्परांच्या अगदी जवळजवळ असतात. त्यामुळे सुई पाण्यावरच तरंगत राहते.

या ताणाला 'पृष्ठीय ताण' असं म्हणतात.

याच पृष्ठीय ताणामुळे कीटक पाण्यावर चालू शकतात.

●

११. समाकर्षण आणि विषमाकर्षण

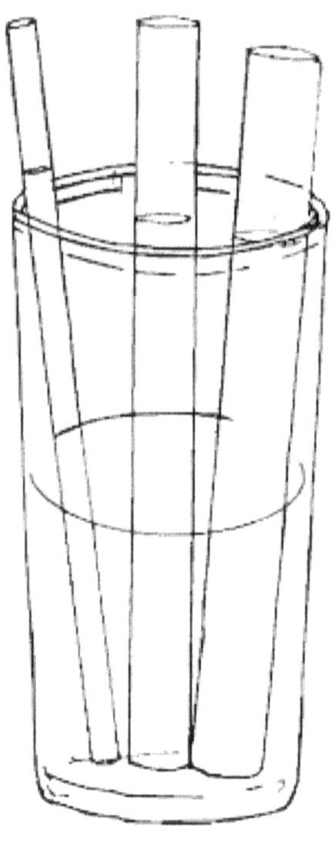

पाण्याने भरलेल्या ग्लासमध्ये काचेच्या पोकळ नळ्या टाका. नळ्यांमधल्या पाण्याची पातळी ग्लासमधल्या पाण्याच्या पातळीपेक्षा वर आलेली दिसेल.

काचेच्या किंवा प्लॅस्टिकच्या नळ्या वेगळ्या म्हणजे कमी-अधिक व्यासाच्या असतील तर चांगलं. अगदी बारीक व्यासाच्या नळीमधली पाण्याची पातळी इतर मोठ्या व्यासांच्या नळीच्या पातळीपेक्षा उंच असेल. असं का?

एका परीक्षानळीत पाणी अर्ध्यापर्यंत भरा. आता नीट लक्ष देऊन बघा. पाण्याची पातळी तुम्हाला

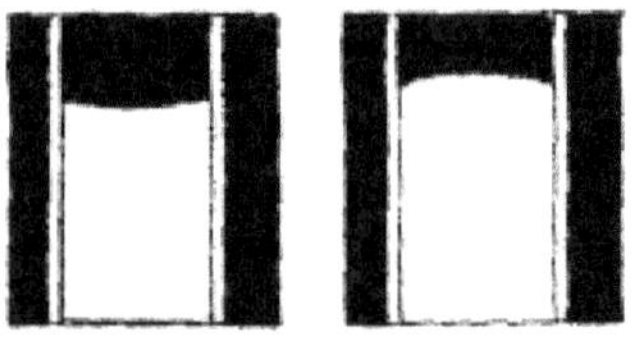

चंद्रकोरीसारखी दिसेल. मधला भाग खोलगट आणि दोन्ही बाजू वर.

परीक्षानळीचा जो आतला भाग असतो तो पाण्याला आपल्याकडे ओढून घेतो. याला 'समाकर्षण' म्हणतात.

या आकर्षणामुळेच पाण्याचा कडेचा भाग वर उचलला जातो. म्हणून त्याचा आकार चंद्रकोर असते तसा दिसतो. याला 'केशाकर्षण' असं म्हणतात. नळी जितकी अरुंद असते तितकं हे केशाकर्षण जास्त असतं. कारण पाण्याचा बराचसा भाग नळीच्या आतल्या भागाला स्पर्श करत असतो. समाकर्षणामुळे तो सतत ओढलेल्या अवस्थेत राहतो.

आता परीक्षानळीला आतून तेल लावा आणि पाणी भरा. काय होतं बघा. पाण्याची पातळी कमानीसारखी दिसेल किंवा चंद्रकोर उलटी केल्यासारखी दिसेल.

का?

पाण्याचे रेणू तेलाच्या रेणूंकडे आकर्षित होत नाहीत किंवा अतिशय कमी आकर्षित होतात. त्यापेक्षा पाण्यातल्या रेणूंचं परस्परांचं आकर्षण जास्त असतं. ते एकमेकांना धरून ठेवतात. पण ते तेलाकडे ओढले जात नाहीत. याला 'विषमाकर्षण' म्हणतात.

१२. विद्राव्यता, अविद्राव्यता आणि
कलिल वृत्ती

जाड कागदाचा एक कोन तयार करा. त्याचा कोन कात्रीने कापा. म्हणजे छिद्र पडेल. टॉर्चच्या काचेवर कोन चिकटपट्टीने चिकटवा. टॉर्च पेटवल्यावर छिद्रातून प्रकाश बाहेर पडेल.

आता काचेच्या (पण रंगीत नको) बाटल्या घ्या. दोन्ही बाटल्यांत पाणी भरा. एका बाटलीत थोडीशी साखर घाला. दुसऱ्या बाटलीत थोडंसं दूध ओता. साखर

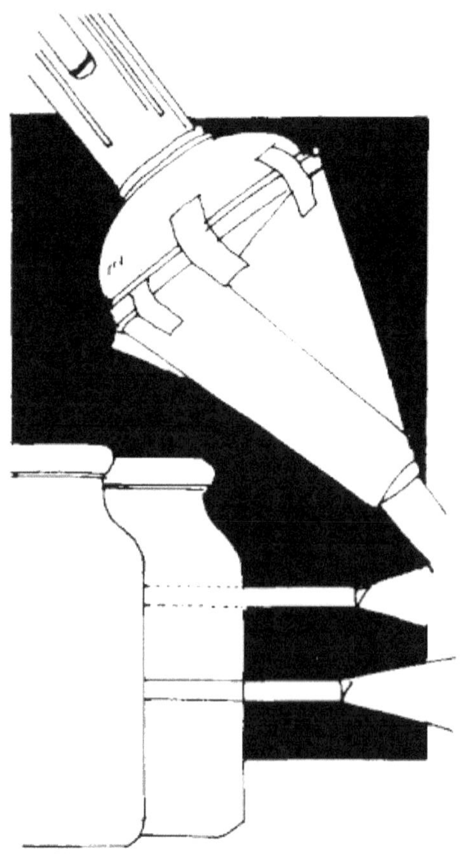

पाण्यात विरघळल्यावर टॉर्चचा प्रकाश आकृतीत दाखवल्याप्रमाणे सोडा. बाटलीमधून प्रकाश गेलेला कदाचित तुम्हाला दिसणार नाही.

आता दूध मिसळलेल्या पाण्याच्या बाटलीवर प्रकाश सोडा. बाटली चमकताना दिसेल. दोन्हीमध्ये काय फरक आहे?

एखादा पदार्थ द्रवामध्ये (बहुतेक वेळा पाण्यातच) मिसळला, तर तो द्रवामध्ये पूर्ण विरघळून जातो किंवा अर्धवट विरघळतो. हे त्या द्रवाच्या विद्राव्यतेवर अवलंबून असतं. विरघळण्याचा जो गुणधर्म आहे, त्याला 'विद्राव्यता' म्हणतात.

ज्या द्रवात एखादा पदार्थ अजिबात विरघळत नाही, त्या गुणधर्माला 'अविद्राव्यता' म्हणतात; परंतु या दोन्हींच्या मधली पण स्थिती असते. अविद्राव्य अवस्थेत, म्हणजे एखादा पदार्थ अजिबात विरघळला नाही, तर तो द्रवामध्ये काही वेळाने खाली बसतो.

पण मधल्या स्थितीमध्ये तो पदार्थ विरघळतही नाही आणि खालीही बसत नाही. त्याचे रेणू तरंगत राहतात. त्याला 'कलिल' वृत्ती म्हणतात. असे रेणू खूप मोठे असतात. त्यावर पडणारा प्रकाश ते परावर्तित करू शकतात. म्हणूनच दूध मिसळलेली बाटली चमकताना दिसते.

●

१३. प्रकाशाचे परावर्तन

एक रुंद तोंडाची बाटली किंवा काचेची बरणी घ्या. पाण्याने पूर्ण भरा. टॉर्च (विजेरी) पेटवून तिचा प्रकाश बरणीच्या तोंडातून असा सोडा की, तो सरळ पाण्यात जाईल. काचेवर, बाजूच्या भागांवर पडणार नाही. वरून बघितलं तर पाण्यातला प्रकाश चमकताना दिसेल; परंतु काचेच्या भिंती त्या मानाने गडद दिसतील.

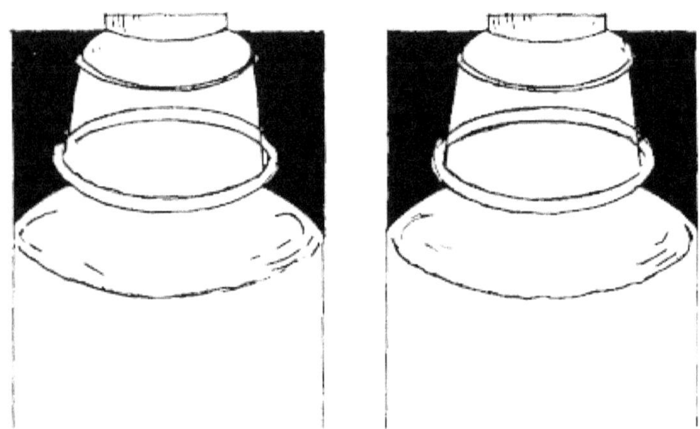

आता पाण्यामध्ये दोन–तीन चमचे दूध टाका. चमच्याने चांगलं ढवळा. पुन्हा एकदा टॉर्चचा प्रकाश सोडा. काय फरक पडतो बघा.

वरून बघितल्यावर पाण्यातला प्रकाश पहिल्यापेक्षा जास्त चमकताना दिसेल; परंतु काचेच्या आतल्या बाजूने इतका प्रकाश दिसेल की, एखादा दुधी काचेचा बल्ब पेटवल्याचा भास होईल.

पहिल्या वेळेस जेव्हा टॉर्चचा प्रकाश पाण्यात पडतो तेव्हा त्याचा आपाती कोन हा इतका लघुकोन असतो की, त्याचं परावर्तन होत नाही; परंतु दूध मिसळल्यानंतर परिस्थिती पूर्ण बदलते. पाण्यामध्ये दुधाचे रेणू तरंगत असल्यामुळे प्रकाशाचे परावर्तन होते. त्यामुळे काचेच्या आतला भाग दुधी बल्ब पेटवल्यासारखा वाटतो.

१४. कॅमेरा घरीच तयार करा

दोन जाड पुट्ठे घ्या. त्यातला एक दुसऱ्यापेक्षा थोडासा मोठा पाहिजे. आता पुठ्ठयाच्या घड्या करून दोन खोकी (बॉक्स) तयार करा. त्यातला लहान बॉक्स मोठ्या बॉक्समध्ये अलगद बसला पाहिजे.

चिकटपट्ट्या लावून असे बॉक्स तुम्हाला सहज करता येतील. आता लहान बॉक्सच्या एका उघड्या तोंडाच्या कडेला पाच सें. मी. अंतरावर समोरासमोर दोन छेद घ्या. त्यातून मेणकागद अलगद गेला पाहिजे. मेणकागद ताठ ठेवून चिकटपट्टीने चिकटवून टाका.

मेणकागद नसेल तर ट्रेसिंग पेपरही चालेल.

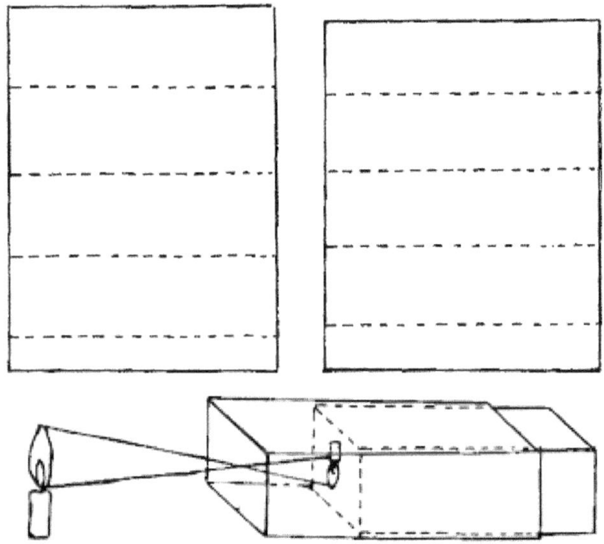

आता मोठ्या बॉक्सच्या एका उघड्या तोंडाला अॅल्युमिनियमचा पातळ पत्रा चिकटपट्टीने लावा. त्याच्या मधोमध एक बारीक छिद्र सुईच्या साह्याने पाडा.

आता लहान बॉक्स मोठ्या बॉक्समध्ये अलगद घाला. एका बाजूला मेणकागद आणि विरुद्ध बाजूला पत्रा अशी रचना झाली पाहिजे. तुमचा कॅमेरा तयार झाला.

पत्र्याच्या छिद्रासमोर पेटती मेणबत्ती काही अंतरावर ठेवा. विरुद्ध बाजूने म्हणजे

मेणकागदाच्या बाजूने बघा. कागदावर मेणबत्तीची उलटी प्रतिमा पडलेली दिसेल.

आकृती बघितल्यावर तुमच्या लक्षात येईल की, प्रकाश नेहमी सरळ रेषेतच जातो. मेणबत्तीच्या दोन्ही टोकांकडून जाणारा प्रकाश छिद्रातून आत जातो आणि त्याची उलटी प्रतिमा कागदावर पडते.

हा अगदी साधा कॅमेरा आहे. तुमच्या घरात जो कॅमेरा असेल तो एकदा नीट बघा. छिद्राऐवजी तिथे भिंग बसवलेले असते. त्यामुळे चित्र अगदी स्पष्ट उमटते. पण त्यासाठी आतला बॉक्स पुढे-मागे करावा लागतो.

●

१५. कॅमेरा आणि डोळा

कॅमेऱ्याच्या मधल्या पडद्यावर वस्तूची प्रतिमा उलटी दिसते, हे मागच्या प्रयोगावरून तुम्हाला समजले असेलच.

आपण जी वस्तू डोळ्यांनी पाहतो तीसुद्धा उलटी दिसते. नाही पटत ना? एक प्रयोग करून बघा.

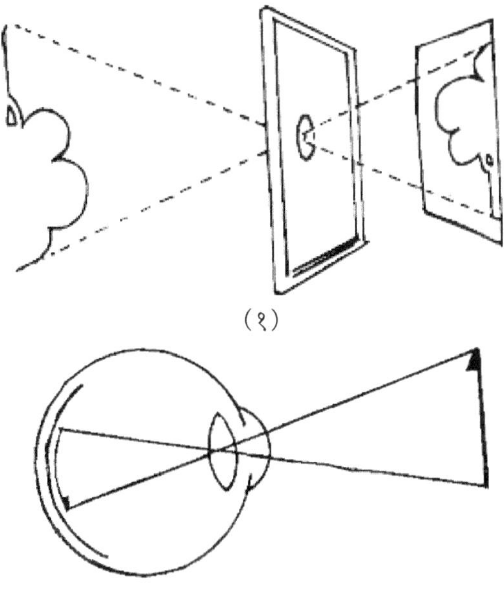

(१)

बहिर्गोल भिंग घ्या. खोलीची दारं, खिडक्या बंद करून घ्या. खोलीत जेवढा अंधार करता येईल तेवढा करा. खिडकीला किंवा दाराला एखादं बारीकसं छिद्र आहे का बघा. असेल तरच तुमचा प्रयोग यशस्वी होईल. आता एका हातात भिंग घ्या आणि दुसऱ्या हातात पांढरा कागद घ्या. भिंग छिद्राजवळ धरा. भिंगाच्या मागे कागद धरा.

कागद मागे-पुढे करून कागदावर काही प्रतिमा दिसतात का बघा. कागद मागे-पुढे करताना एक वेळ अशी येईल की, त्यावरची प्रतिमा स्पष्ट दिसेल. त्या अंतरावर कागद स्थिर धरा आणि निरखून पहा. काय दिसतं?

बाहेरचं आकाश, झाडं, इमारती, चालणारी माणसं, धावणारी वाहनं सगळी कागदावर उलटी दिसतील.

कारण बहिर्गोल भिंगामधून जाणारी किरणं त्याच्या (भिंगाच्या) पाठीमागे असलेल्या पडद्यावर उलटी प्रतिमा तयार करतात.

आपल्या डोळ्यामध्येही असेच एक बहिर्गोल भिंग असते. त्याच्या पाठीमागे असाच एक पडदा असतो. त्याला 'रेटीना' असे म्हणतात.

आपण जी वस्तू डोळ्यांनी पाहतो त्याची प्रतिमा डोळ्यातल्या पडद्यावर उलटी दिसते.

तरीसुद्धा आपल्याला सुलट कसं दिसतं?

आपला मेंदू ती प्रतिमा सुलट करून घेतो. म्हणून प्रतिमा जरी उलट पडली तरी त्याचं 'ज्ञान' मात्र सुलट होतं.

१६. सिनेमाच्या पडद्यावर हलणारी चित्रं कशामुळे दिसतात?

कोऱ्या पानांची एक वही घ्या. त्याच्या शेवटच्या पानावर खाली उजव्या कोपऱ्यावर पेनच्या शाईने एक भरलेलं वर्तुळ (बिंदू) काढा.

आता दुसऱ्या पानावर खाली उजव्या बाजूला थोडंसं डावीकडे सरकून पुन्हा एक बिंदू काढा. असं प्रत्येक पानावर थोडंसं डावीकडे सरकत सरकत बिंदू काढत जा. पहिलं पान येईपर्यंत तुमचा बिंदू डाव्या कोपऱ्यात गेला असेल.

आता वहीची सगळी पानं हातात घ्या. चार बोटं आणि अंगठा यांच्यामध्ये धरा. अंगठा सैल धरून एकेक पान खाली पडू द्या. पानं भराभर खाली यायला हवीत. बिंदूकडे लक्ष द्या.

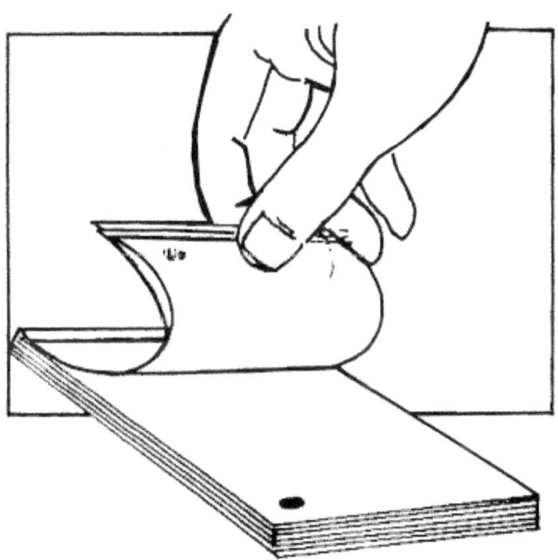

प्रत्येक पानावरचा बिंदू तुम्हाला वेगवेगळ्या दिसणार नाही तर तो एकच आहे असं वाटेल आणि आश्चर्य म्हणजे उजवीकडून डावीकडे भर्रकन गेलेला दिसेल. असं कशामुळे झालं?

आपण एखाद्या वस्तूकडे पाहिल्यानंतर तिची प्रतिमा आपल्या डोळ्यातल्या

पडद्यावर १/१० सेकंद इतका वेळ राहते. याचाच फायदा घेऊन सिनेमाची फिल्म काढली जाते. एखाद्या फिल्मचा दोन-चार फुटाचा तुकडा प्रकाशात धरून बघा. सगळी चित्रं तुम्हाला सारखी दिसतील. पण नीट निरखून बघा. प्रत्येक चित्रात थोडासा फरक दिसेल. सिनेमा दाखवताना ही फिल्म भर्रकन डोळ्यासमोरून जात असते. त्यातलं प्रत्येक चित्र आपल्या डोळ्याच्या पडद्यावर १/१० सेकंद इतका वेळ राहतं; परंतु पहिलं चित्रं पुसट होण्याआधीच दुसरं चित्रं, तिसरं, चौथं असं दिसत असतं. प्रत्येक चित्रामध्ये थोडा थोडा फरक असल्याने ती हलताना दिसतात.

●

१७. आरशामधल्या प्रतिबिंबांचं अंतर

आरशासमोर उभे रहा. आरशामध्ये तुमचं प्रतिबिंब दिसेल. तुम्ही आरशाच्या जवळ गेलात तर प्रतिबिंबही जवळ येईल. तुम्ही मागे गेलात तर प्रतिबिंबही मागे जाईल.

आरशापासून तुम्ही जितक्या अंतरावर उभे आहात तितक्याच अंतरावर आरशातलं प्रतिबिंब आहे का?

हे तुम्हाला सहज सिद्ध करता येण्यासारखं आहे.

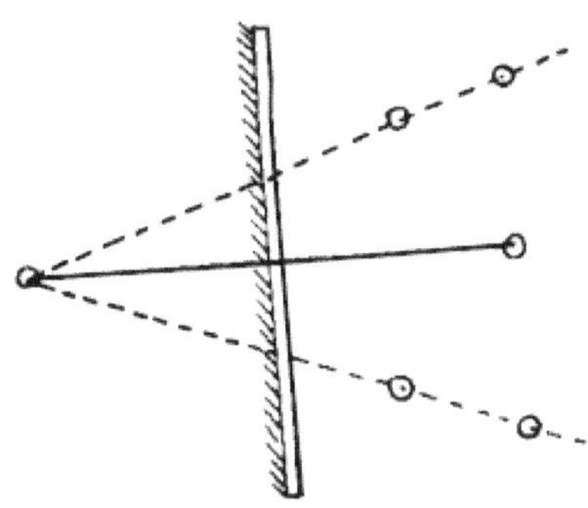

एक कागद घ्या. त्याच्या मधोमध एक रेष ओढा. त्या रेषेवर आरसा उभा करा. आरशाला आधार द्यावा लागेल.

आरशासमोर काही अंतरावर एक पिन टोचून उभी करा. त्याला 'प' असे नाव द्या. 'प' च्या उजव्या बाजूला आणखी एक पिन टोचा. हिचं नाव 'अ'. आता 'अ' आणि 'प' च्या प्रतिमा आरशामध्ये जिथे मिळतात त्या रेषेवर 'अ' च्या पुढे 'ब' नावाची पिन टोचा.

असंच, 'प' च्या डाव्या बाजूला 'क' आणि 'ड' पिन टोचा.

आता आरसा काढून टाका. आकृतीत दाखवल्याप्रमाणे 'अ' आणि 'ब' बिंदू जोडून पेन्सिलने रेष ओढा. तसेच 'क' आणि 'ड' बिंदू जोडून एक रेष ओढा.

या दोन्ही रेषा आरसा जिथे ठेवला होता त्या आडव्या रेषेपर्यंत ओढत न्या. नंतर आरशाच्याही पलीकडे (म्हणजे आडव्या रेषेच्या पलीकडे) या रेषा आणखी ओढत न्या.

त्या दोन्ही रेषा ज्या बिंदूला एकत्र होतील त्या बिंदूला 'फ' असे नाव घ्या. आता 'प' आणि 'फ' हे बिंदू पेन्सिलने रेष ओढून जोडा.

'प', 'फ' ही रेषा आडव्या रेषेला जिथे छेद देते त्या बिंदूला 'ग' नाव घ्या.

आता 'प' आणि 'ग' हे अंतर मोजा.

'फ' आणि 'ग' हे अंतर मोजा.

दोन्ही अंतरं सारखीच आहेत असं तुमच्या लक्षात येईल. यावरून कोणत्याही वस्तूचं आरशापासून अंतर आणि वस्तूच्या प्रतिमेचं आरशापासूनचं अंतर सारखं असतं हे सिद्ध होतं.

१८. परावर्तन

एखादी वस्तू आपल्याला का दिसते हे तुम्हाला माहीत आहे का?

प्रकाशकिरणं वस्तूवर आपटून जेव्हा तुमच्या डोळ्यापर्यंत येतात तेव्हा वस्तू दिसते.

एका दिशेने जाणारा प्रकाशकिरण वस्तूवर आपटून जेव्हा दुसऱ्या दिशेने

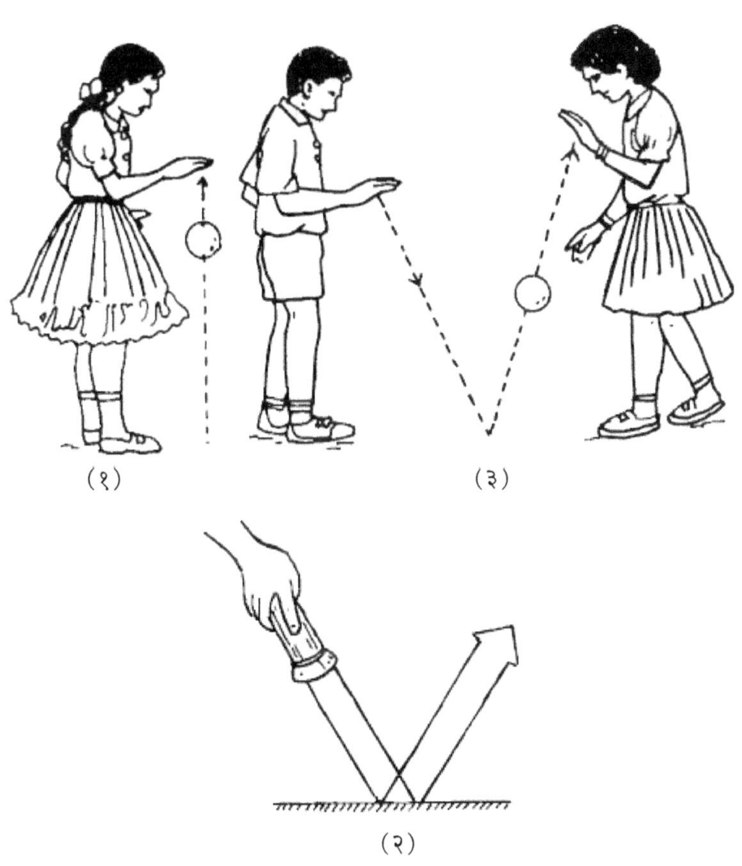

जातो, तेव्हा त्याला 'परावर्तन' म्हणतात.

एक चेंडू घ्या. जमिनीवर सरळ रेषेत आपटा. टप्पा खाऊन तो परत तुमच्या हातात येईल. चेंडू ज्या मार्गाने खाली गेला त्याच मार्गाने तो वर आला.

आता जमिनीशी थोडासा तिरकस कोन करून चेंडू जमिनीवर आपटा. तो तुमच्या हातात परत येणार नाही. जमिनीवर आपटून तो वेगळ्या दिशेला जाईल.

असा अनेक वेळा चेंडू आपटल्यानंतर तुमच्या लक्षात येईल की, जमिनीवर आपटण्याआधी चेंडू ज्या कोनातून जातो आणि आपटल्यानंतर ज्या कोनातून विरुद्ध दिशेला जातो ते दोन्ही कोन सारखे असतात.

पेटलेली टॉर्च आरशासमोर धरा. टॉर्चमधला प्रकाश आरशावर पडून पुन्हा बॅटरीकडे येईल. पण बॅटरी थोडीशी वाकडी करा. आरशामधला प्रकाश वेगळ्या दिशेला गेलेला दिसेल.

याच पद्धतीने तुम्ही जर आरशासमोर उभे राहिलात तरच तुमची प्रतिमा तुम्हाला दिसेल. आरशासमोरून थोडंसं बाजूला झालात तर प्रतिमा दिसणार नाही; परंतु खोलीतल्या वस्तूंची प्रतिमा मात्र तुम्हाला आरशात दिसेल. कारण वेगवेगळ्या कोनांतून परावर्तित झालेला प्रकाश आरशावर पडून तुमच्या डोळ्यापर्यंत येत असतो.

१९. प्रकाशाचे परावर्तन

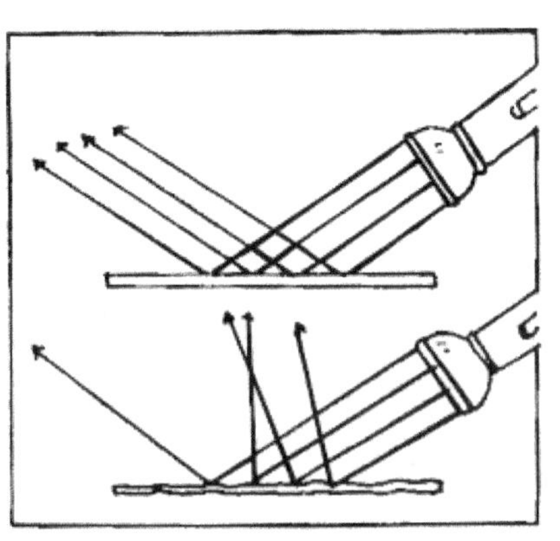

खोलीची दारं, खिडक्या बंद करा. खोलीमध्ये अंधार करा. आता एका टेबलावर आरसा ठेवा. टॉर्च पेटवून आरशासमोर धरा. काय दिसतं?

टॉर्चचा प्रकाश आरशावरून परावर्तित झालेला दिसेल.

आता आरसा काढून टाका. त्याच्या जागी एक पांढरा कागद ठेवा. पुन्हा एकदा टॉर्चचा प्रकाश कागदावर सोडा. काय दिसतं?

कागदावर प्रकाशाचं वर्तुळ दिसेल. प्रकाशामध्ये कागद चमकताना दिसेल. पण आरशाप्रमाणे प्रकाशाचं परावर्तन झालेलं दिसणार नाही. असं का होतं?

कागद जरी तुम्हाला डोळ्यांनी गुळगुळीत दिसत असला तरी तो तसा नसतो. त्याचा पृष्ठभाग खडबडीत असतो. सूक्ष्मदर्शकाखाली कागद ठेवून बघा म्हणजे तुम्हाला समजेल.

टॉर्चचा प्रकाश कागदावर पडल्यानंतर तोसुद्धा परावर्तित होतो; परंतु कागदाचा पृष्ठभाग खडबडीत असल्यामुळे त्याचं परावर्तन एकसारखं होतं. प्रकाश वेगवेगळ्या कोनांतून पसरतो.

आरसा अत्यंत गुळगुळीत असतो. त्यामुळे त्याच्यावर पडणाऱ्या प्रकाशाचं एकसमान परावर्तन होतं. त्यामुळे तो समान कोनातून परावर्तित होतो.

२०. रंग आणि प्रकाशाचे परावर्तन यांचा काही संबंध आहे का?

१५ × १५ सें. मी. चे दोन कागद घ्या. एक काळा आणि एक पांढरा आणि एक टॉर्च.

खोलीची दारं-खिडक्या बंद करून अंधार करा. टेबलावर काळा कागद ठेवा आणि त्यावर टॉर्चचा प्रकाश सोडा. खोलीमध्ये किती प्रकाश पडतो बघा.

आता टेबलावर पांढरा कागद ठेवा. टॉर्चचा प्रकाश कागदावर सोडा. खोलीमध्ये पहिल्यापेक्षा जास्त प्रकाश पसरलेला दिसेल. कारण पांढरा रंग प्रकाश जास्त परावर्तित करतो.

ज्या वस्तूंचा पृष्ठभाग गुळगुळीत आहे आणि रंग हलका आहे अशा वस्तूसुद्धा प्रकाशाचे परावर्तन जास्त प्रमाणात करतात.

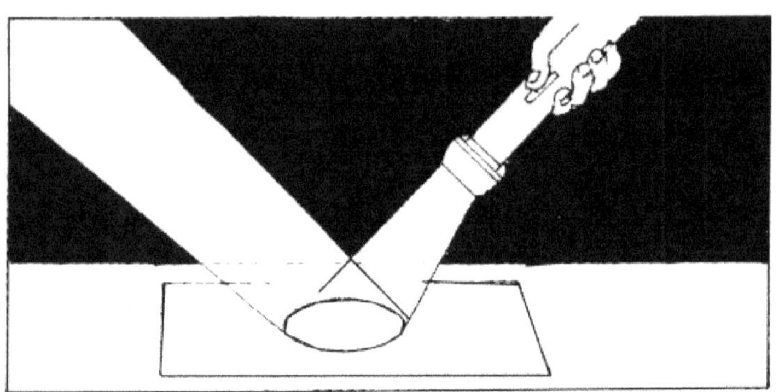

२१. प्रकाशाचे वक्रीभवन

एक उथळ भांडं घ्या. त्यामध्ये तळाशी एक नाणं ठेवा. भांडं टेबलावर ठेवा. उभं राहून भांड्यावर वाकून नाण्याकडे पहा. आता नजर नाण्यावर स्थिर ठेवून मान हळूहळू खाली करा. भांड्याच्या कडेपाशी आल्यानंतर जिथे तुम्हाला नाणं दिसणार नाही त्याक्षणी थांबा. नजर तशीच स्थिर ठेवा. आता तुमच्या मित्राला भांड्यामध्ये हळूच पाणी ओतायला सांगा. (पाणी टाकताना नाणं सरकायला नको.)

थोडंसं पाणी भांड्यामध्ये टाकताच आतापर्यंत न दिसणारं नाणं पुन्हा दिसायला लागेल. नाणं वर आल्यासारखं वाटेल. असं का झालं?

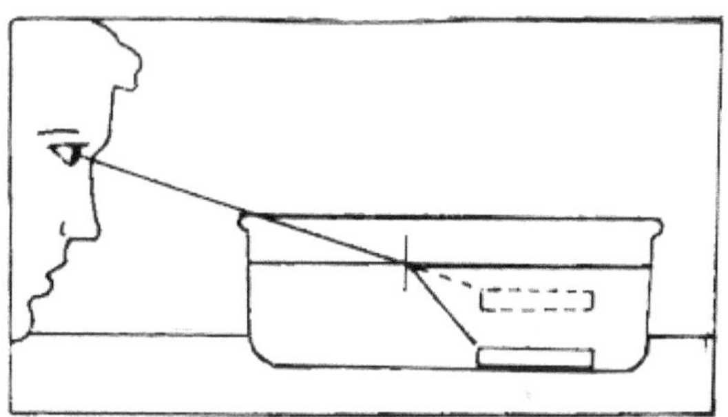

कोणतीही वस्तू आपल्याला का दिसते? त्यावर पडणारा प्रकाश परावर्तित होऊन आपल्या डोळ्यापर्यंत येतो म्हणून; परंतु जेव्हा प्रकाश एका माध्यमातून दुसऱ्या माध्यमात जातो तेव्हा त्याचा मार्ग बदलतो.

भांड्यातलं नाणं तुम्हाला दिसत नाही. कारण नाणं आणि तुमचा डोळा यामध्ये भांड्याची कडा आहे. भांड्यामध्ये पाणी टाकल्यानंतर नाणं दिसायला लागतं. कारण नाण्यावरून आपल्याकडे येणाऱ्या प्रकाशाला पाण्यातून यावं लागतं. माध्यम बदलतं, म्हणून त्याचं वक्रीभवन होतं आणि नाणं दिसायला लागतं.

पाण्यानं भरलेल्या ग्लासमध्ये टूथब्रश ठेवला तर ग्लासच्या वरच्या बाजूला तो वाकडा झालेला दिसतो. त्याचं कारणही हेच आहे.

२२. घरच्या घरी दुर्बीण तयार करा

आकाशातले ग्रह, तारे जवळून बघण्यासाठी दुर्बीण वापरतात हे तुम्हाला माहीत असेलच. तुम्हाला तुमची स्वत:ची दुर्बीण हवी असेल तर ते काही अवघड नाही. त्याला फारसा खर्चही येणार नाही.

फक्त दोन बहिर्गोल भिंगं हवीत. बस!

मात्र दोन्ही भिंगं वेगवेगळ्या शक्तीची हवीत. ती कशी ओळखायची?

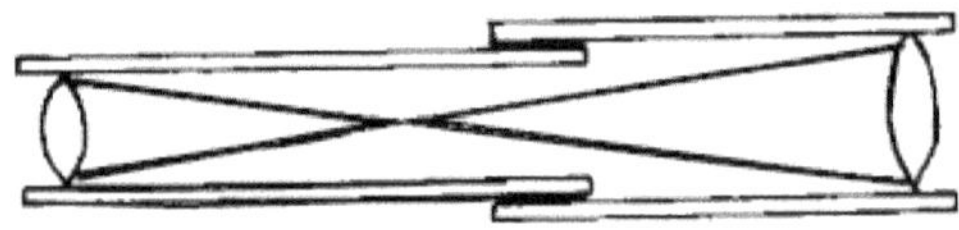

कोणतंही पुस्तक उघडा. थोडंसं अंतर ठेवून पुस्तकावर भिंग धरा. त्यातली अक्षरं तुम्हाला मोठी दिसतील. ज्या भिंगातून अक्षरं खूप मोठी दिसतील ते भिंग जास्त शक्तीचं. ज्या भिंगातून अक्षरं (तुलनेनं) कमी मोठी दिसतील ते भिंग कमी शक्तीचं.

तर एक जास्त शक्तीचं आणि दुसरं कमी शक्तीचं भिंग घ्या.

कमी शक्तीचं भिंग डोळ्यासमोर ५ सें. मी. अंतरावर धरा. दुसऱ्या हातानं जास्त शक्तीचं भिंग पहिल्या भिंगाच्या समोर धरा. पुढचं भिंग मागे-पुढे हलवून बघा. दोन्ही भिंगांतून पाहिलेली वस्तू ज्या वेळेस खूप मोठी आणि स्पष्ट दिसेल त्यावेळेस तुमच्या मित्राला दोन्ही भिंगांतलं अंतर मोजायला सांगा.

दोन्ही भिंगांतून पाहिलेली वस्तू अर्थातच उलटी दिसेल हे तुमच्या आता लक्षात आलं असेलच.

आता भिंगं व्यवस्थित बसतील अशा व्यासाच्या जाड पुट्ठ्याच्या दोन नळ्या तयार करा. त्यातली एक नळी दुसऱ्या नळीमध्ये अलगद बसली पाहिजे. एका नळीची लांबी दुसऱ्या नळीपेक्षा कमी असावी.

आता मोठ्या नळीमध्ये लहान नळी अलगद घाला. लहान नळीचं कमी शक्तीचं भिंग डोळ्याजवळ धरून बघायचं. मोठ्या नळीचं भिंग दुसऱ्या टोकाला. मोठी नळी मागे-पुढे हलवून दुर्बिणीतून बघायची वस्तू स्पष्ट करता येते. वस्तू स्पष्ट तर दिसतेय, पण मोठीसुद्धा दिसते.

२३. रंगांची तबकडी

वेगवेगळे रंग असलेली एक तबकडी तुम्ही तुमच्या प्रयोगशाळेत पाहिली असेल. तशी तुम्हाला घरीसुद्धा करता येईल.

एका जाड पुठ्ठ्यावर १० सें. मी. व्यासाचं एक वर्तुळ काढा. कात्रीने ते कापा. आता या तबकडीचे बरोबर सहा भाग पाडा आणि प्रत्येक भाग वेगवेगळ्या रंगाने रंगवा. रंगाचा क्रम असा. लाल, नारिंगी, पिवळा, हिरवा, निळा, जांभळा.

आता तबकडीच्या मध्यबिंदूवर छिद्र पाडून त्यात टोकदार पेन्सिल घाला आणि भिंगरीसारखी जोरात फिरवा.

तुम्हाला तबकडी पांढऱ्या रंगाची दिसेल.

कारण तबकडी वेगानं फिरत असल्यामुळे त्यातले रंग आपण पाहू शकत नाही. हे रंग इंद्रधनुष्यातल्या रंगांप्रमाणेच आहेत. ते एकमेकांत मिसळल्यामुळे पांढरे दिसतात.

सूर्याचा प्रकाशही पांढरा असतो. पण तो सात रंगांनी मिळून झालेला असतो.

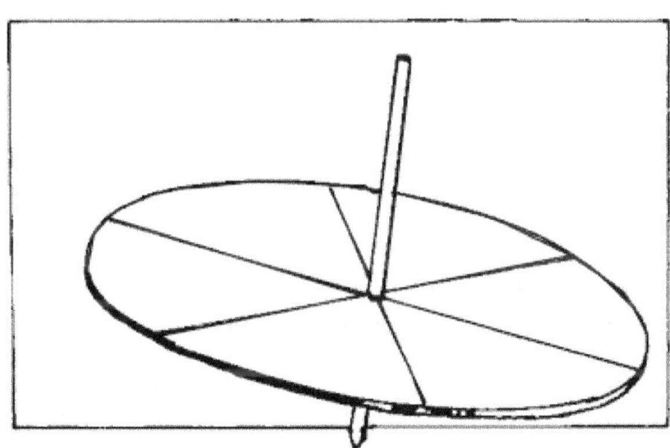

२४. इंद्रधनुष्य

प्रकाश सात रंगांनी तयार झालेला असतो, हे तर तुम्हाला माहीत असेलच. पावसाळ्यामध्ये आकाशात इंद्रधनुष्यही तुम्ही पाहिलं असेल. त्याचे सात रंग कोणते असतात हे माहीत आहे का?

तुम्हाला घरीसुद्धा हे सात रंग पाहायला मिळतील.

पाण्यानं भरलेला ग्लास उन्हात ठेवा. ग्लासच्या खाली पांढरा कागद ठेवा. लगेच तुम्हाला इंद्रधनुष्य पाहायला मिळेल.

हे सात रंग ओळखा. क्रमाने वहीवर लिहा. आकाशात दिसणाऱ्या इंद्रधनुष्याचे रंगही असेच क्रमाने लिहा. त्यांचा क्रम सारखाच आहे, असं तुम्हाला आढळून येईल.

प्रकाश एका माध्यमातून दुसऱ्या माध्यमात गेला म्हणजे त्याचं वक्रीभवन होतं हे मागच्या एका प्रयोगावरून तुम्हाला समजलं असेलच. प्रकाश हवेच्या माध्यमातून पाण्यात शिरताना आणि पाण्यातून पुन्हा हवेच्या माध्यमात शिरताना त्याचे वक्रीभवन होते. त्यावेळेस प्रकाशामध्ये असलेले सात रंग वेगवेगळ्या कोनांतून वक्रीभूत होतात. त्यामुळे ते सात रंग वेगवेगळे स्पष्ट दिसतात. प्रत्येक रंगाचा वक्रीभूत होण्याचा कोन प्रत्येक वेळेस सारखाच असतो. त्यामुळे ग्लासातून किंवा पावसाच्या थेंबातून प्रकाश बाहेर पडताना त्याच क्रमाने सात रंग दिसतात. त्यांचा क्रम कधीही बदलत नाही.

२५. हिरवं गवत हिरवंच का दिसतं?

हे समजून घेण्यासाठी एक लहानसा प्रयोग करा.

वेगवेगळ्या रंगांचे कागद घ्या. एक पांढरा कागद घ्या आणि एक टॉर्च. आता दारं-खिडक्या बंद करून खोलीत अंधार करा.

टेबलावर लाल रंगाचा कागद ठेवा. आकृतीत दाखवल्याप्रमाणे पांढरा कागद त्याच्या शेजारीच उभा धरा. लाल रंगाच्या कागदावर टॉर्चचा प्रकाश सोडा. पांढऱ्या कागदावर लाल रंगाची छटा पसरलेली दिसेल. याचप्रमाणे वेगवेगळ्या रंगांचे कागद ठेवून हा प्रयोग करा.

ज्या रंगाचा कागद असेल त्याच रंगाची छटा पांढऱ्या कागदावर दिसेल.

प्रकाशामध्ये तर अनेक रंग असतात. मग एकच रंग का दिसतो? लाल रंगाच्या कागदावर प्रकाश सोडला तर लाल रंग बाकीचे सगळे रंग शोषून घेतो आणि फक्त लाल रंगच बाहेर सोडतो. म्हणून आपल्याला तेवढाच लाल रंग दिसतो.

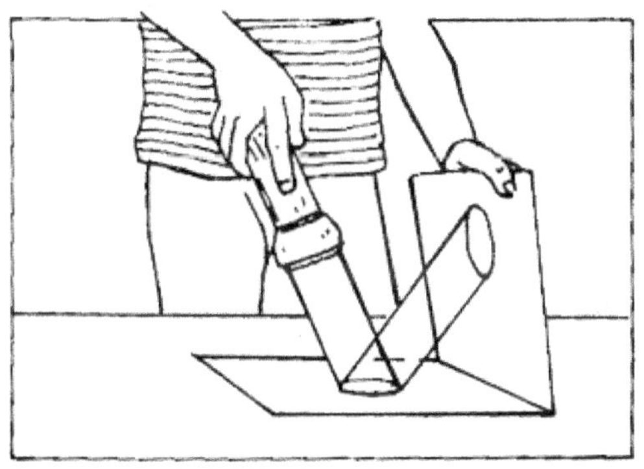

हिरव्या गवतावर पडलेल्या प्रकाशाचे बाकीचे रंग हिरवा रंग सोडून बाकीचे सगळे रंग शोषून घेतो म्हणून हिरवं गवत हिरवंच दिसतं.

२६. उन्हाळ्यामध्ये पांढऱ्या रंगाचे कपडे का घालावे?

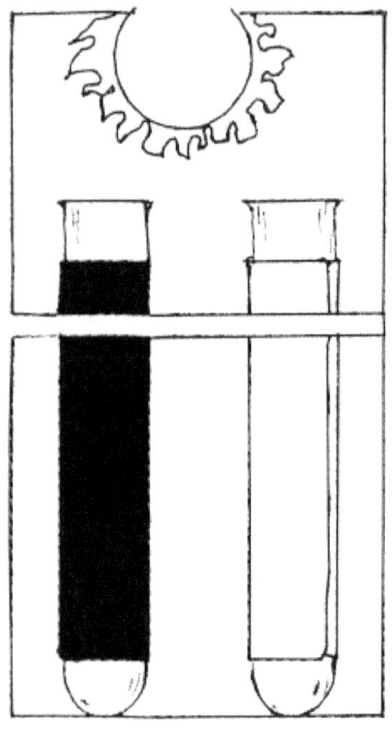

दोन परीक्षानळ्या घ्या. त्यात थंड पाणी भरा. एका परीक्षानळीला बाहेरून काळा कागद चिकटवा. दुसऱ्या परीक्षानळीला बाहेरून पांढरा कागद चिकटवा.

दोन्ही परीक्षानळीतल्या पाण्याचं तापमान किती आहे याची तापमापकानं नोंद करून ठेवा.

आता दोन्ही परीक्षानळ्या कडक उन्हामध्ये ठेवा.

एक तासानंतर पुन्हा एकदा पाण्याचं तापमान बघा. दोन्हीमधला फरक पाहून तुम्हाला आश्चर्य वाटेल. उन्हात ठेवण्याआधी दोन्ही पाण्याचं तापमान सारखंच होतं. दोन्ही परीक्षानळ्या एकाच वेळेस उन्हात ठेवल्या. तरीसुद्धा काळ्या कागदाच्या परीक्षानळीतल्या पाण्याचं तापमान दुसऱ्यापेक्षा जास्त वाढलं. असं का झालं?

हे केवळ काळ्या आणि पांढऱ्या रंगामुळे झालं.

काळा रंग (किंवा भडक रंग) प्रकाश जास्त शोषून घेतो. त्यामुळे उष्णता वाढते. म्हणून पाण्याचं तापमान वाढतं.

पांढरा रंग प्रकाश परावर्तित करतो. त्यामुळे पाण्याचं तापमान वाढत नाही. म्हणूनच उन्हाळ्यामध्ये पांढऱ्या रंगाचे कपडे घालावेत. त्यावर पडणारा प्रकाश जास्तीत जास्त परावर्तित होत असल्यामुळे आपल्याला ऊन जाणवत नाही.

उन्हाळ्यात भडक रंगाचे कपडे घातले तर ते प्रकाश शोषून घेतात. त्यामुळे अंगातली उष्णता वाढते आणि उन्हाचा चटका जास्तच जाणवतो.

२७. कंपास करण्याची आणखी एक पद्धत

त्यासाठी एक मोठी सुई आणि लोहचुंबकपट्टी लागेल. सुई टेबलावर ठेवा. लोहचुंबकाचं दक्षिण दिशा दाखवणारं टोक (S) सुईच्या मध्यावर ठेवा आणि घासत सुईच्या डोळ्यापर्यंत आणा. लोहचुंबकपट्टी उचला. पुन्हा सुईच्या मध्यावर ठेवा. पुन्हा घासत सुईच्या डोळ्यापर्यंत आणा. असं पन्नास वेळा करा.

लक्षात ठेवा, लोहचुंबकपट्टीचं उत्तर दिशा (N) दाखविणारं टोक वर राहिलं पाहिजे.

आता लोहचुंबकपट्टीचं (N) उत्तर दिशा दाखविणारं टोक सुईच्या मध्यावर ठेवा आणि घासत सुईच्या टोकदार भागाकडे न्या. लोहचुंबक उचला. पुन्हा मध्यावर ठेवा आणि पुन्हा घासत टोकदार भागाकडे न्या. असं पन्नास वेळा करा. लक्षात ठेवा. लोहचुंबकाचं (S) टोक वर राहिलं पाहिजे.

आता एक बुचाची मोठी बाटली घ्या. त्याचं बूच काढा. कागदाचा छोटासा चौकोनी तुकडा घ्या. त्याला मधोमध घडी पाडा. आकृतीत दाखवल्याप्रमाणे त्याला दोऱ्या बांधून कागदाचा पाळणा करा. पाळणा बाटलीमध्ये अलगद जायला हवा.

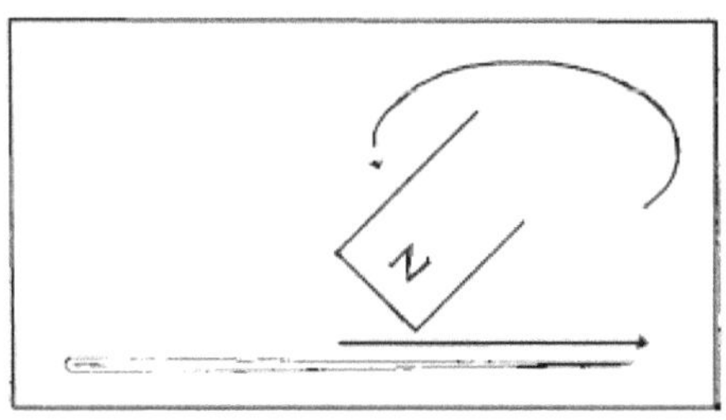

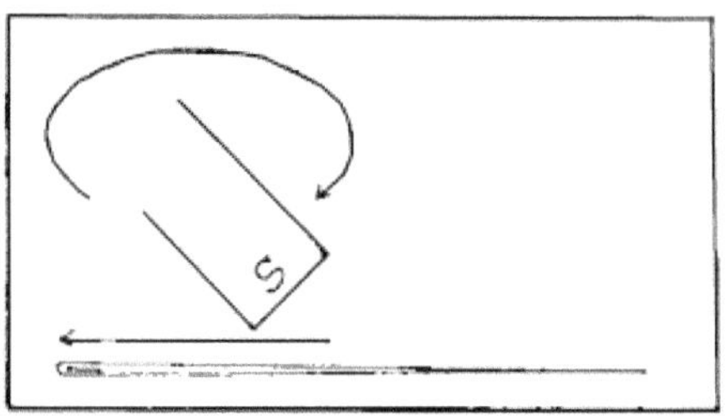

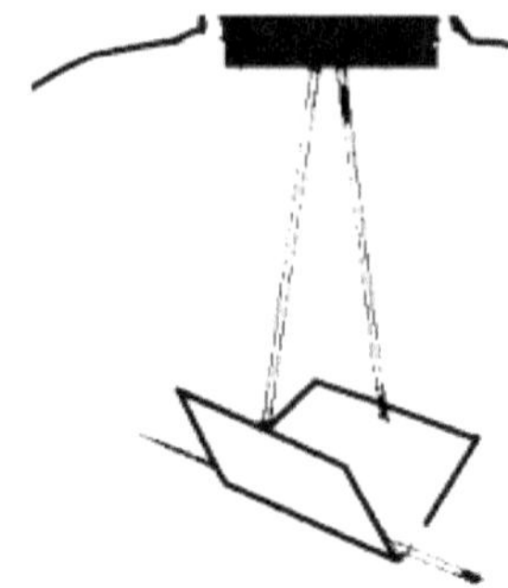

बुचाला आतल्या बाजूने ड्रॉईंग पिन खोचा.

पाळण्याच्या दोन्ही दोऱ्या त्या पिनेला बांधा. पाळण्याचे संतुलन बरोबर आहे की नाही बघा. आता घडीवर लोहचुंबक झालेली सुई ठेवा. सुईसकट पाळणा बाटलीमध्ये अलगद घाला. बाटलीला बूच घट्ट लावा.

एवढं सगळं कशाला करायचं माहितेय! वाऱ्यामुळे सुई हलू नये म्हणून! आता बाटलीमध्ये असलेली सुई बरोबर उत्तर-दक्षिण दिशा दाखवेल.

२८. सुईचा लोहचुंबक

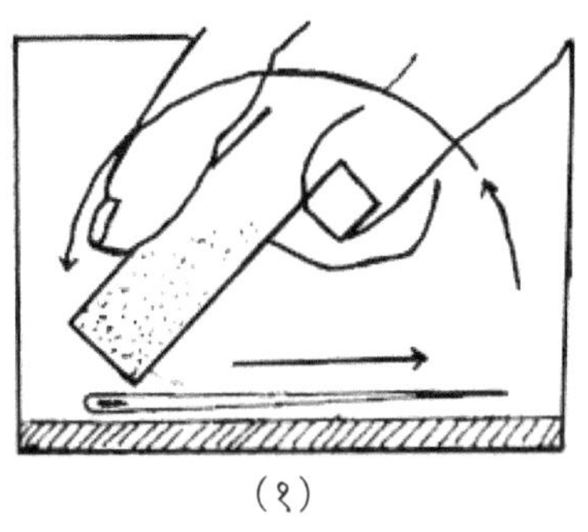

(१)

घरातल्या साध्या सुईमध्ये लोहचुंबकाचे गुणधर्म आणता येतात का?

ते अगदी सोपं आहे. त्यासाठी तुम्हाला एक लोहचुंबक आणि सुई लागेल. एका हातात सुई धरा. दुसऱ्या हातात लोहचुंबक धरा. लोहचुंबकाचे एक टोक सुईच्या एका टोकावर ठेवा आणि घासत दुसऱ्या टोकापर्यंत (सुईच्या) न्या.

लोहचुंबक सुईवरून उचला. पुन्हा वरच्या टोकावर नेऊन घासत खालच्या टोकापर्यंत आणा. असं जवळजवळ ७०-८० वेळा करा.

आता सुईमध्ये लोहचुंबकाचे गुणधर्म आले असतील.

सुईजवळ एखादी पिन ठेवा. पिन सुईकडे ओढली जाईल.

या सुईचा तुम्हाला कंपासही तयार करता येईल.

एका बुचामध्ये ही सुई आरपार घाला. तिची दोन्ही टोकं बाहेर राहिली पाहिजेत. सुईसकट बूच पाण्यात टाका. बूच पाण्यावर तरंगेल आणि सुई उत्तर-दक्षिण दिशा दाखवेल.

२९. लोहचुंबकाकडे कोणत्या वस्तू आकर्षित होतात?

घरातल्या वीस-पंचवीस लहानसहान वस्तू गोळा करा.

उदा. : काड्याची पेटी, रबर बँड, पिना, नाणी, बाटलीचं झाकण इ.

आता लोहचुंबक हातात धरून यातली प्रत्येक वस्तू उचलता येते का बघा. ज्या वस्तू लोहचुंबकाला चिकटतात त्या एका बाजूस ठेवा. ज्या चिकटत नाहीत त्या एका बाजूला ठेवा.

आता ज्या वस्तू लोहचुंबकाला चिकटतात त्या वस्तूंमध्ये कोणता समान भाग आहे याचा विचार करा. तुम्हाला लगेच उत्तर सापडेल.

या सगळ्या वस्तू लोखंडाच्या आहेत.

फक्त लोखंडाच्या वस्तूच लोहचुंबकाकडे आकर्षित होतात.

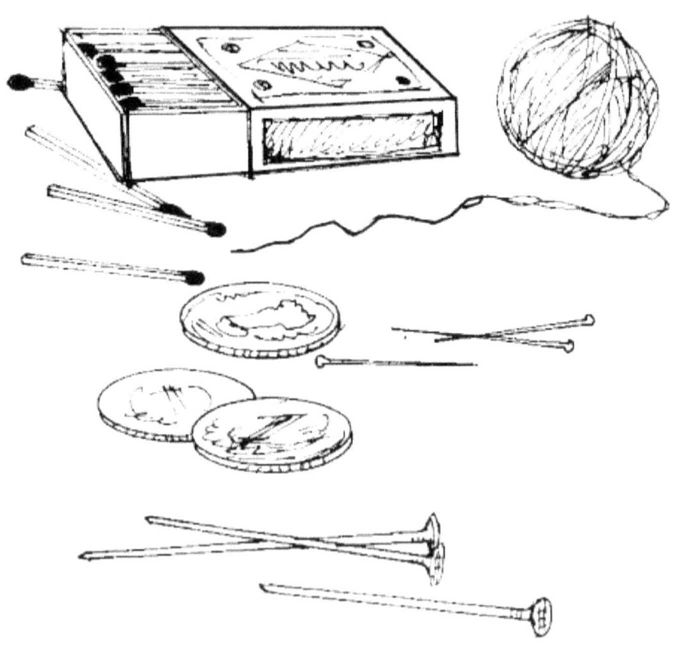

३०. लोहचुंबकाची शक्ती आणि त्याचा आकार याचा काही संबंध आहे का?

वेगवेगळ्या आकारांचे लोहचुंबक गोळा करा. आपल्या मित्रांकडून आणि सरांकडून तुम्हाला ते मिळवता येतील.

पिनांचा एक ढीग तयार करा आणि प्रत्येक लोहचुंबक त्या ढिगाजवळ न्या. प्रत्येक लोहचुंबकाला किती पिना चिकटतात याची नोंद करा.

नोंदी पूर्ण झाल्यानंतर तुम्हाला त्यातून काय सिद्ध करता येईल?

मोठ्या आकाराचा लोहचुंबक जास्त पिना आकर्षित करतो का?

लहान आकाराच्या लोहचुंबकाला कमी पिना चिकटतात का?

तसं होत नाही असं तुम्हाला आढळून येईल.

लोहचुंबकाच्या शक्तीचा आणि आकाराचा काहीही संबंध नाही.

लोहचुंबक किती नवा किंवा जुना आहे त्यावर त्याची शक्ती अवलंबून आहे. लोहचुंबकाची व्यवस्थित काळजी घेतली नाही तर त्याची शक्ती कमी होते हे लक्षात ठेवा.

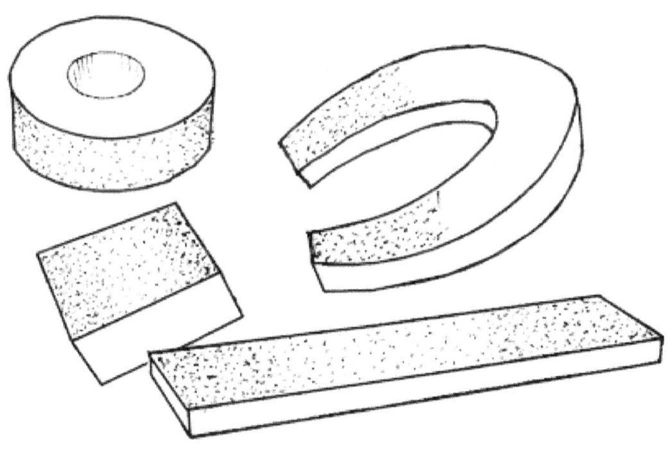

३१. पिष्टमय पदार्थ कसा ओळखावा?

अन्नपदार्थांत इतर घटकांसोबत पिष्टमय पदार्थही असतात. साध्या प्रयोगाने ते ओळखता येतात.

काचेची एक पट्टी घ्या. त्यावर थोडासा स्टार्च टाका. त्याच्याच शेजारी थोडीशी बेकिंग पावडर (सोडियम-बाय-कार्बोनेट) टाका. ड्रॉपरमध्ये आयोडीन घेऊन दोन्हीवर त्याचे काही थेंब टाका.

सोडियम-बाय-कार्बोनेटचा रंग आयोडीनसारखाच दिसायला लागेल; परंतु स्टार्चचा रंग जांभळा दिसेल.

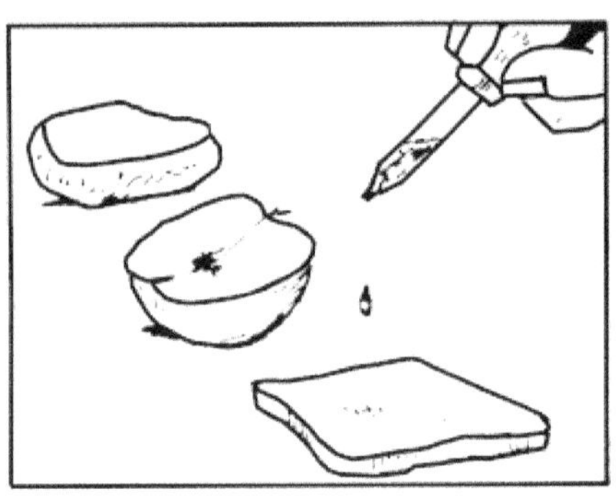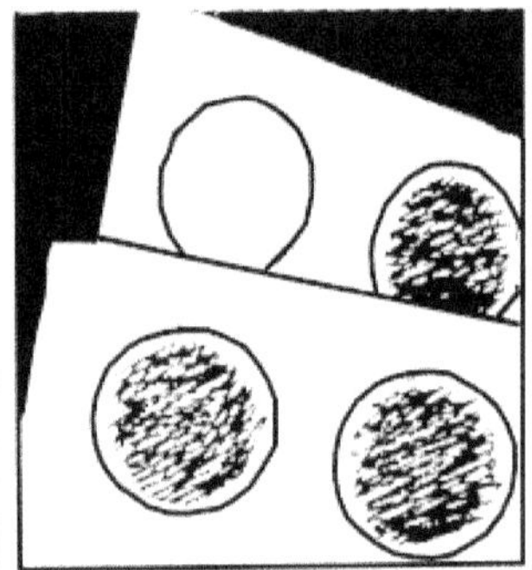

आता दुसरा प्रयोग करा.

बटाट्याचा, सफरचंदाचा आणि ब्रेडचा तुकडा घ्या. प्रत्येक तुकड्यावर आयोडीनचे काही थेंब सोडा. ब्रेड आणि बटाट्याचा तुकडा जांभळ्या रंगाचा दिसेल. याचाच अर्थ दोन्हीमध्ये पिष्टमय पदार्थ आहे.

आता स्निग्ध पदार्थ कसा ओळखणार?

कागदाचा तुकडा घ्या. त्यावर दोन लहान वर्तुळं शेजारी-शेजारी काढा. एका वर्तुळावर लिंबाच्या रसाचे काही थेंब टाका. दुसऱ्या वर्तुळावर तुपाचे किंवा तेलाचे थेंब टाका.

पंधरा मिनिटांनंतर बघा. लिंबाचा रस वाळून जाईल. तो भाग कागदासारखाच पांढरा दिसेल; परंतु तेलाचा डाग स्पष्टपणे दिसेल. कागद उलटून पाहिला तर

पाठीमागेसुद्धा तेलाचा डाग दिसेल. तो डाग पसरलेलाही दिसेल. यालाच 'स्पॉट टेस्ट' म्हणतात.

●

३२. तांबे उष्णतेचे उत्तम वाहक आहे का?

हा प्रयोग अगदी साधा आहे; परंतु अडचण फक्त एकच आहे. तांबे, पितळ आणि ॲल्युमिनियमच्या सारख्या लांबीच्या आणि सारख्याच जाडीच्या सळ्या मिळायला हव्यात.

आता प्रत्येक सळईच्या एका टोकाला ५ सें.मी. अंतरावर मेणाच्या साहाय्याने एक दगड चिकटवायचा. प्रत्येक सळईवर फक्त एकेक दगडच लावायचा हे लक्षात ठेवा.

आता एकेक सळई मेणबत्तीच्या ज्योतीवर धरा. सळई तापल्यानंतर किती वेळाने दगड खाली पडतो बघा.

कोणत्या सळईवरचा दगड लवकर खाली पडतो?

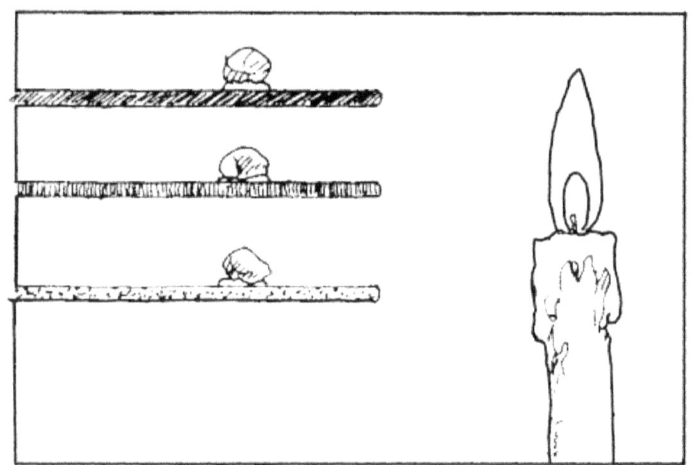

हा प्रयोग तुम्हाला अनेक वेळा करून बघावा लागेल. त्यानंतर तुमच्या असं लक्षात येईल की, प्रत्येक वेळेस तांब्याच्या सळईवरचा दगडच सगळ्यात लवकर खाली पडतो.

यावरून असं सिद्ध होतं की, पितळ, ॲल्युमिनियम हे धातू उष्णतेचे वाहक आहेत. पण त्यामध्ये तांबे हे उत्तम वाहक आहे.

३३. आम्ल आणि अल्कली
कसं ओळखाल?

हा प्रयोग करण्यासाठी लाल आणि निळा लिटमस पेपर आवश्यक आहे. प्रयोगशाळेतलं साहित्य विकणाऱ्या दुकानात तुम्हाला असा पेपर मिळेल.

आता काचेच्या पाच बशा घ्या. एका बशीत पाणी टाका. दुसऱ्या बशीत व्हिनेगर टाका. तिसऱ्या बशीत लिंबाचा रस टाका. चौथ्या बशीत साबणाचं पाणी टाका आणि पाचव्या बशीत दूध टाका.

आता निळा लिटमस पेपर घ्या. त्याच्या पाच बारीक पट्ट्या करा. एकेक तुकडा बशीत बुडवा. (उदा. पहिला तुकडा पहिल्या बशीमध्ये. दुसरा तुकडा दुसऱ्या बशीमध्ये - इ.)

व्हिनेगर आणि लिंबाच्या रसामध्ये बुडवलेला लिटमस पेपर गुलाबी किंवा लाल रंगाचा होतो. पाणी, दूध आणि साबणाचं पाणी यामध्ये बुडवलेल्या लिटमस पेपरमध्ये काहीही बदल होत नाही.

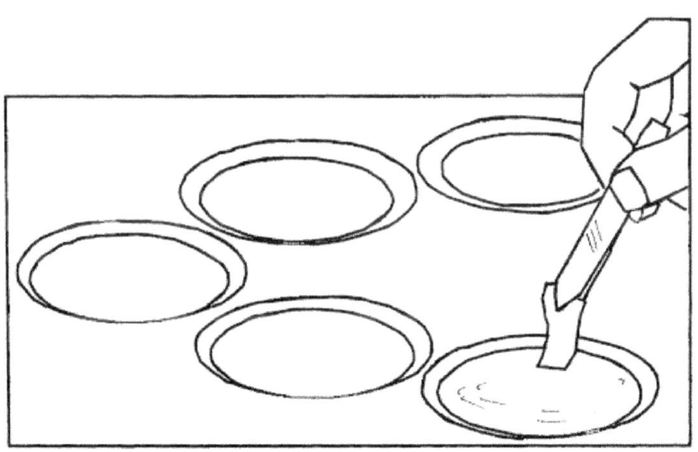

आता लाल रंगाचा लिटमस पेपर घ्या. त्याचे पण पाच तुकडे करा. प्रत्येक तुकडा एकेका बशीत बुडवा. साबणाच्या पाण्यात बुडवलेला लाल लिटमस पेपर निळा होतो. कारण साबणामध्ये अल्कली असतं.

व्हिनेगर आणि लिंबाच्या रसात बुडवलेला निळा लिटमस पेपर लाल होतो.

कारण दोन्हीमध्ये आम्ल असतं.

पाणी व दुधात बुडवलेल्या लाल किंवा निळ्या लिटमस पेपरमध्ये काहीच बदल होत नाही. कारण हे दोन्ही आम्लही नाहीत आणि अल्कलीही नाहीत.

३४. रिकामी बाटली खरोखरच रिकामी असते का?

काचेची रिकामी बाटली घ्या. त्याचं झाकण काढून टाका. बाटली हातामध्ये धरून उलटी करा. पाण्याने भरलेल्या बादलीत सरळ उभी बुडवा. बाटलीमध्ये थोडंसं पाणी शिरेल. बाटलीतल्या पाण्याची पातळी बघा. नंतर बाटली आणखी खाली बुडवा. नीट लक्ष घ्या–

बाटलीतल्या पाण्याची पातळी वाढलेली नाही. पण बादलीतल्या पाण्याची पातळी वाढली हे तुमच्या लक्षात आलं असेल.

याचं कारण काय सांगू शकाल?

बाटलीमध्ये असं काहीतरी आहे की, जे पाण्याला आतमध्ये येऊ देत नाही.

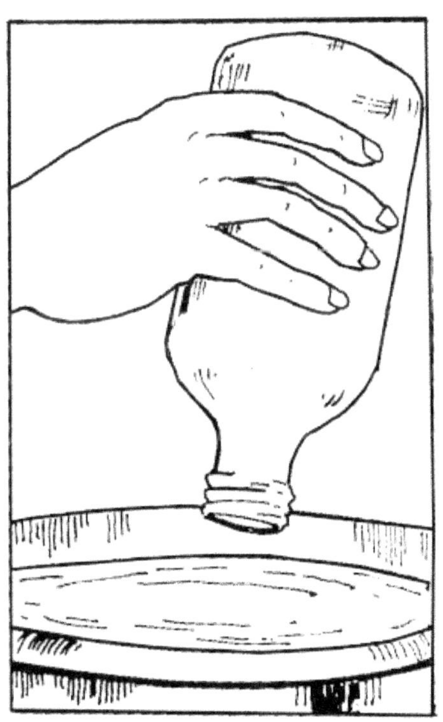

ही अदृश्य वस्तू म्हणजे अर्थातच हवा!

आता आणखी एक प्रयोग करा.

बुडवलेली बाटली पाण्यामध्येच थोडीशी तिरपी करा.

काय दिसतं?

बाटलीच्या तोंडातून बुडबुडे बाहेर पडताना दिसतील. हे हवेचे बुडबुडे आहेत.

बाटली तिरपी केली की, आतल्या हवेला बाहेर पडायची संधी मिळते आणि मग त्या रिकाम्या बाटलीत पाणी शिरायला लागतं.

●

३५. हवेवर पाण्याचा दाब

एक रिकामी बाटली घ्या. त्याच्या तोंडावर नरसाळं ठेवा. नरसाळं अर्ध भरेपर्यंत पाणी ओता. नरसाळ्यातून पाणी बाटलीत कसं पडतं ते बघा.

नंतर नरसाळं हातानं थोडंसं वर उचलून धरा. पुन्हा नरसाळ्यात पाणी ओता. आता नरसाळ्यातून पाणी बाटलीत कसं पडतं ते बघा. काही फरक दिसतो का?

बाटलीवर नरसाळं ठेवून पाणी ओतलं तर थेंबाथेंबानं पाणी खाली पडतं. त्याचा वेग कमी असतो.

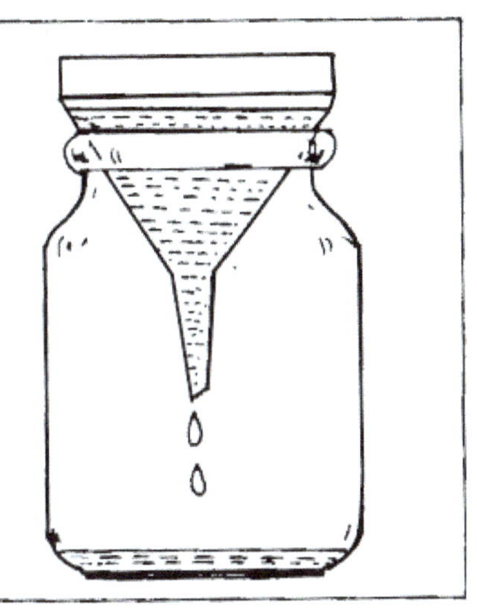

पण नरसाळं वर उचलून धरताच पाणी वेगानं खाली जातं. असं का?

याचं कारण फार सोपं आहे. नरसाळ्यामध्ये भरलेल्या पाण्यामुळे बाटलीमध्ये असलेल्या हवेवर दाब पडतो. त्यामुळे बाटलीमधली हवा सहजासहजी बाहेर पडू शकत नाही. बाटलीवर ठेवलेलं नरसाळं झाकणासारखं पक्कं नसतं. त्यामुळे बाटलीतल्या हवेला बाहेर पडायला थोडीशी तरी फट असतेच. त्यातून ती हवा हळूहळू बाहेर पडत असते.

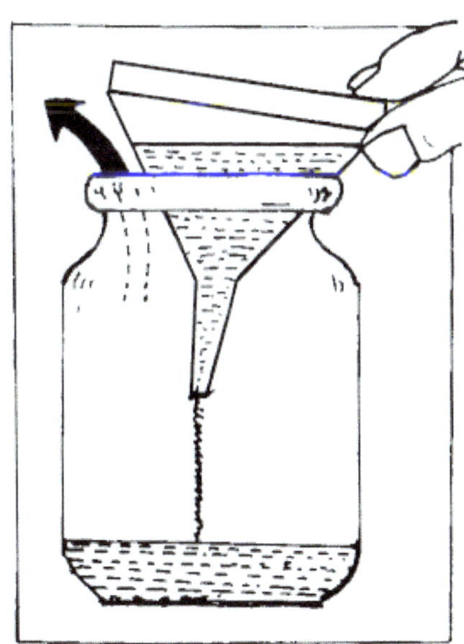

म्हणून नरसाळ्यातून पडणाऱ्या पाण्याचा वेगही कमी असतो. बाहेर जाणारी हवा आणि आत पडणारं पाणी या दोन्हींचा वेग सारखाच असतो.

बाटलीवरचं नरसाळं थोडंसं वर उचलताच आतल्या हवेला बाहेर जायला भरपूर मोकळी जागा सापडते. म्हणून नरसाळ्यातलं पाणी या हवेला बाजूला सारून वेगानं आत पडते.

३६. तुमच्या फुफ्फुसांची ताकद किती?

या प्रयोगामुळे तुमच्या फुफ्फुसांची ताकद किती आहे हे तर बघता येईलच, शिवाय रोज सराव केला तर ही ताकद वाढवताही येईल. प्लॅस्टिकचं एक घंघाळं घ्या. त्यामध्ये ५ ते ७ सें. मी. उंचीपर्यंत पाणी भरा. बाटलीचं झाकण घट्ट लावा. बाटली उलटी करून घंघाळ्यातल्या पाण्यात बुडवा आणि मग बाटलीचं झाकण काढा. बाटली तिरपी करून ठेवा. बाटलीमधल्या पाण्याची पातळी किती आहे हे बघून त्यावर खूण करा.

आता एक रबरी नळी घ्या. तिचं एक टोक उलट्या करून ठेवलेल्या बाटलीमध्ये घाला. दुसरं टोक हातात धरा.

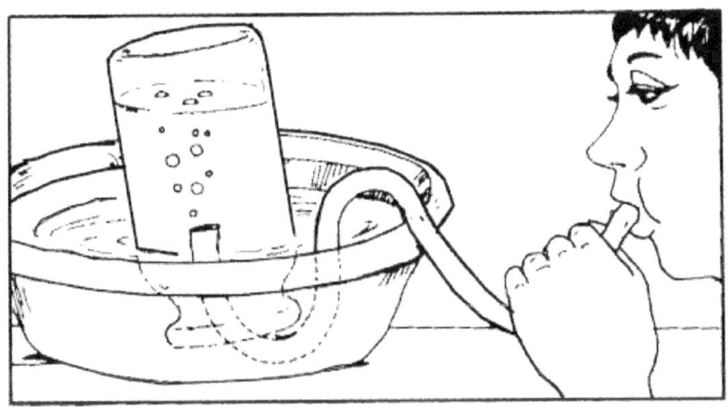

जोरात श्वास घ्या. हातात धरलेल्या नळीला तोंड लावून जोरात फुंका. नळीतून आत सोडलेल्या हवेच्या दाबामुळे बाटलीच्या पाण्याची पातळी कमी होईल. किती कमी झाली हे बघा. बाटलीवर खूण करा. पहिली खूण आणि दुसरी खूण यामधलं जे अंतर आहे त्यावरून तुमच्या फुफ्फुसांची ताकद कळते.

नळी फुंकताना मधेच थांबू नका. छातीमध्ये जेवढी हवा घेतली तेवढी नळीतून फुंकण्याचा प्रयत्न करा.

असा रोज सराव करा.

बाटलीवरची पहिली खूण आणि दुसरी खूण यातलं अंतर रोज मोजा. ते अंतर जितकं जास्त तितकी तुमच्या फुफ्फुसाची ताकद जास्त.

सरावानं हे अंतर तुम्हाला वाढवता येईल.
हा रोजचा व्यायाम तुमच्या आरोग्यास चांगला आहे.

३७. बॅरॉमीटर-वायुदाबमापक
घरीच तयार करा

वातावरणातल्या वायूचा दाब मोजणाऱ्या यंत्राला बॅरॉमीटर किंवा वायुदाबमापक म्हणतात. हे तुम्हाला घरीसुद्धा तयार करता येईल.

रुंद तोंडाची एक बाटली घ्या. एका फुग्याचं तोंड फाकवून तो फुगा बाटलीच्या तोंडावर बसवा. फुगा सगळ्या बाजूने घट्ट ताणून त्याला रबरबँड लावा. आता एक कागदाची पुंगळी (स्ट्रो) घ्या. ताणलेल्या रबराच्या बरोबर मध्यावर ती पुंगळी आडवी फेविकॉलने चिकटवा. पुंगळीचा अर्धा भाग बाहेर आला पाहिजे. पुंगळी पक्की चिकटण्यासाठी फेविकॉल वाळेपर्यंत त्यावर हाताने दाबून धरा. आता फक्त एकच काम राहिलं. कार्डबोर्डची एक पट्टी तयार करा. फूटपट्टीसारख्या त्यावर खुणा करा. पट्टीच्या वरच्या बाजूला 'जास्त' आणि खालच्या बाजूला 'कमी' अशी अक्षरं लिहा. पट्टी एका स्टँडवर सरळ ताठ उभी राहील अशी व्यवस्था करा. बाटलीच्या बाहेर आलेल्या स्ट्रॉच्या अर्ध्या भागाच्या मागे पट्टी उभी करा. तुमचा वायुदाबमापक तयार झाला.

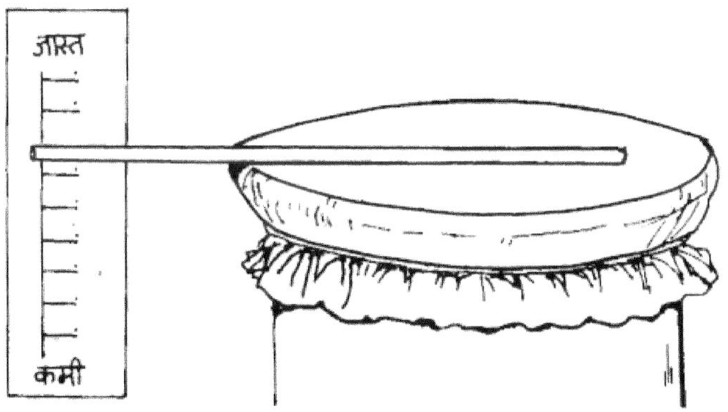

वातावरणातल्या वायूचा दाब जेव्हा जास्त असतो तेव्हा तो कोणत्याही वस्तूवर सर्व बाजूने सारख्याच प्रमाणात पडलेला असतो. बाटलीच्या ताणलेल्या रबरावर जेव्हा असा दाब पडतो तेव्हा त्याच्या वजनाने रबर खाली जातं. त्याच्यावर चिकटवलेली पुंगळी त्यामुळे वर जाते.

वातावरणातल्या वायूचा दाब जास्त झाला की, पुंगळी वर जाते.

पण वायूचा दाब कमी झाला तर? तसा फारसा फरक पडणार नाही; परंतु बाटलीमध्ये बंद असलेल्या हवेपेक्षा वातावरणात असलेल्या हवेचा दाब फारच कमी असेल तर मात्र ताणलेलं रबर फुगल्यासारखं वर येईल आणि त्याला चिकटलेली पुंगळी खाली जाईल.

वातावरणातल्या वायूचा दाब कमी झाला की, पुंगळी खाली जाते. पट्टीवर केलेल्या खुणांमुळे हा दाब कमी आहे का जास्त आहे हे तुम्हाला सहज ओळखता येईल.

●

३८. वातावरणाचा दाब

वातावरणाचा दाब आपल्यासाठी अतिशय फायदेशीर असतो. असा दाब नसेल तर ग्लासातलं पाणी पुंगळीच्या (स्ट्रॉ) साह्याने आपल्याला पिताच येणार नाही.

एका ग्लासमध्ये पाणी घ्या किंवा तुमचे आवडते कोणतेही पेय घ्या. ग्लासमध्ये कागदाच्या दोन पुंगळ्या (स्ट्रॉ) टाका. पुंगळी तोंडात धरून आतली हवा ओढून घ्या.

पुंगळीतली हवा ओढून घेतल्याबरोबर पुंगळीमध्ये ग्लासातलं पाणी भरायला सुरुवात होईल. कारण आता पुंगळीमध्ये हवा नसते. तिथे पोकळी निर्माण होते; परंतु बाहेरच्या हवेचा दाब ग्लासातल्या पाण्यावर पडल्याने ही पोकळी भरून काढण्यासाठी पाणी पुंगळीमध्ये शिरते आणि पुंगळीतून आपल्या तोंडात येते. ही क्रिया ग्लासमध्ये पाणी असेपर्यंत चालूच राहते.

ग्लासमध्ये बुडवलेल्या दुसऱ्या पुंगळीमध्ये मात्र पाणी शिरत नाही. कारण त्यामधली हवा आपण ओढून घेतलेली नसते.

३९. उष्णतेचा हवेवर होणारा परिणाम

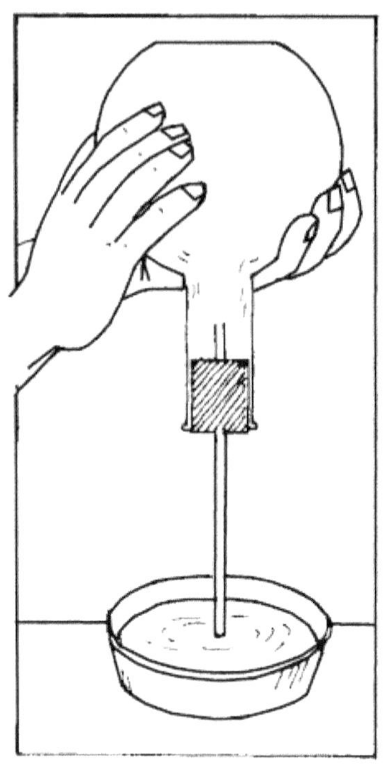

प्रयोगाला लागणारे साहित्य :

काचेचा चंबू, चंबूच्या तोंडात पक्के बसेल असे बूच आणि एक बारीक काचेची नळी.

चंबूची काच जेवढी पातळ असेल तेवढा तुमचा प्रयोग यशस्वी होईल. बुचाला मधोमध भोक पाडा. त्यात काचेची नळी बसवा. आता नळीसकट ते बूच चंबूच्या तोंडात बसवा. कुठेही फट राहू नये यासाठी बुचाच्या भोवती लाख किंवा ग्रीस लावा.

एका उथळ परातीमध्ये पाणी भरून घ्या. चंबू उलटा करून काचेच्या नळीचं बाहेरचं तोंड परातीमधल्या पाण्यात बुडेल असे धरा.

आता तुमच्या एखाद्या मित्राला दोन्ही हात एकमेकांवर जोरात घासून हा चंबू धरायला सांगा. काय होतं बघा.

परातीमध्ये बुडलेल्या काचेच्या नळीतून पाण्याच्या वर बुडबुडे येताना दिसतील.

आता आणखी एक प्रयोग करून बघा.

एक रुमाल कडक उन्हामध्ये बराच वेळ ठेवा. नंतर त्याच रुमालाने हा चंबू असाच उलटा धरा. काय होतं बघा.

काचेच्या नळीतून पहिल्यापेक्षाही जास्त बुडबुडे पाण्यातून वर येताना दिसतील. असं का होतं?

हाताच्या उष्णतेमुळे किंवा उन्हात ठेवून गरम झालेल्या रुमालाच्या उष्णतेमुळे चंबूमधल्या हवेचे प्रसरण होते. काचेच्या नळीशिवाय त्या हवेला बाहेर पडायला दुसरा मार्ग नसतो. म्हणून काचेच्या नळीतून बाहेर आलेली हवा बुडबुड्याच्या रूपाने पाण्यातून बाहेर आलेली दिसते.

४०. उष्णतेमुळे हवा प्रसरण पावते आणखी एक उदाहरण

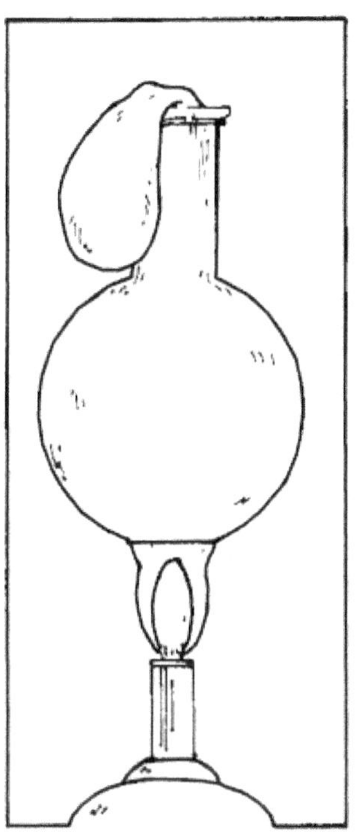

या प्रयोगासाठी तुम्हाला एक काचेचा चंबू घ्यायला हवा. असा चंबू तुम्हाला प्रयोगशाळेची उपकरणं ज्या दुकानात मिळतात तिथे सहज मिळेल. चंबूचा आकार आकृतीमध्ये पहा.

आता एक फुगा चंबूच्या तोंडावर बसवा आणि चंबूला बर्नरवर ठेवून तापवा. काय होतं बघा.

फुगा थोडासा फुगलेला दिसेल.

याचं कारण तुम्हाला आता सहज सांगता येईल. कारण असाच एक प्रयोग तुम्ही आधीपण केलेला आहे.

उष्णतेमुळे चंबूतल्या हवेचे प्रसरण होते. चंबूतली जागा प्रसरणासाठी कमी पडते. म्हणून ती हवा फुग्यामध्ये घुसते आणि फुगा फुगतो.

४१. वायूच्या प्रसरणाचा आणखी एक प्रयोग

आकृतीत दाखवल्याप्रमाणे पातळ काचेचा एक चंबू घ्या. त्यामध्ये एकचतुर्थांश पाणी भरा.

चंबूच्या तोंडात घट्ट बसेल असं एक बूच घ्या. त्याला मधोमध भोक पाडा. काचेची एक बारीक नळी बुचात घाला. नळीसकट बूच चंबूच्या तोंडात बसवा. नळीचं खालचं टोक चंबूतल्या पाण्यात बुडायला हवं.

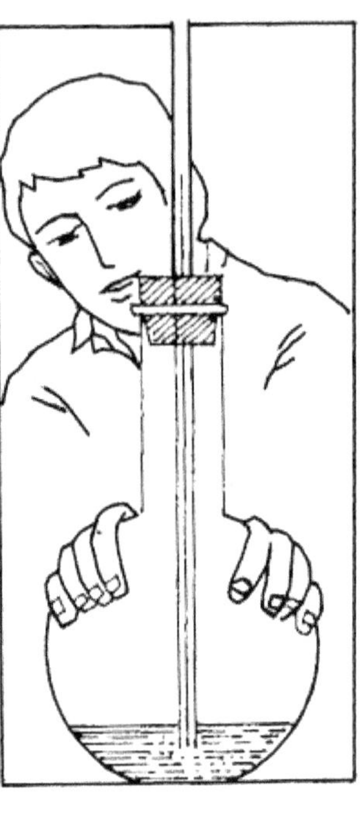

फटीतून हवा बाहेर जाऊ नये म्हणून बुचाच्या भोवती लाख किंवा ग्रीस लावा. तुमचे हात एकमेकांवर जोरात घासा आणि चंबूच्या वरच्या भागावर आकृतीत दाखवल्याप्रमाणे धरा. काय होतं बघा.

उन्हामध्ये रुमाल ठेवून गरम करा. नंतर हा रुमालसुद्धा चंबूच्या वरच्या भागावर ठेवा. काय होतं बघा.

चंबूतलं पाणी काचेच्या नळीत शिरून वर चढलेलं दिसेल.

याचं कारण तुमच्या आता लक्षात आलं असेल.

हाताच्या किंवा रुमालाच्या उष्णतेमुळे चंबूतली हवा प्रसरण पावते. त्यामुळे पाण्यावर दाब पडतो आणि पाणी काचेच्या नळीत शिरते.

४२. हवेचे संकुचन

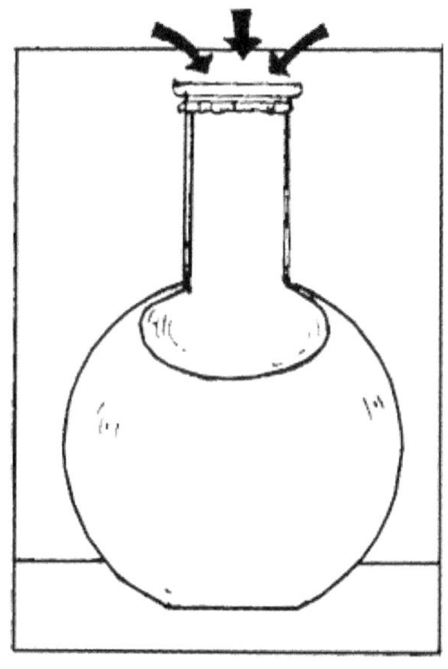

उष्णतेमुळे हवेचे प्रसरण होते हे आता तुम्हाला समजले असेलच. पण हवा थंड झाली तर तिचे आकुंचन होत असेल का?

या प्रश्नाचे उत्तर मिळवण्यासाठी एक प्रयोग करा.

काचेच्या चंबूमध्ये थोडंसं पाणी घ्या. चंबूला उष्णता द्या. काही वेळाने पाणी उकळायला लागेल. आता चंबू बर्नरवरून खाली काढा आणि चंबूच्या तोंडाला फुगा बसवा.

काही वेळातच तो फुगा हळूहळू आपोआप आतमध्ये ओढला जाईल. असं का झालं?

चंबू तापवल्यानंतर पाणी गरम होते. त्याचप्रमाणे चंबूतली हवासुद्धा गरम होते. त्यामुळे ती प्रसरण पावते. त्यातली काही हवा चंबूतून बाहेर निघून जाते.

पाणी उकळल्यानंतर पाण्याचं रूपांतर वाफेमध्ये होतं. ही गरम वाफसुद्धा चंबूतून बाहेर जाते.

चंबूला फुगा बसवल्यानंतर आतली हवा आणि पाण्याची वाफ यांना बाहेर पडता येत नाही.

चंबू खाली ठेवल्यावर त्यातली हवा थंड व्हायला लागते. वाफही थंड व्हायला लागते आणि वाफेचं पुन्हा पाण्यात रूपांतर व्हायला लागतं. याचाच अर्थ उष्णतेमुळे प्रसरण पावलेली हवा संकुचित व्हायला लागते. चंबूमध्ये निर्माण झालेली पोकळी भरून काढण्यासाठी बाहेरची हवा आतमध्ये शिरण्याचा प्रयत्न करते; परंतु फुग्यामुळे तिला आतमध्ये जाता येत नाही. म्हणून फुग्यासकट ती आतमध्ये जाते.

४३. हवेला वजन असते का?

हो! हवेला वजन असते. पण ते कसं सिद्ध करायचं?

तुम्हाला वाटेल त्यासाठी एखादा फार अवघड प्रयोग करावा लागेल. पण हा प्रयोग अत्यंत साधा आहे. त्यासाठी फारसं साहित्यही लागत नाही. १ मीटर लांबीची बांबूची काडी, दोरा आणि दोन फुगे एवढंच हवं. हे सगळं तुमच्या घरात असतंच.

आता बांबूच्या बरोबर मध्यावर एक दोरा बांधा. दोरा एखाद्या हूकला अडकवा.

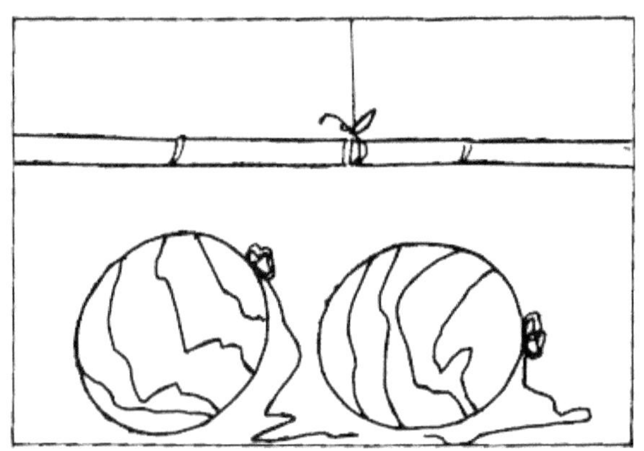

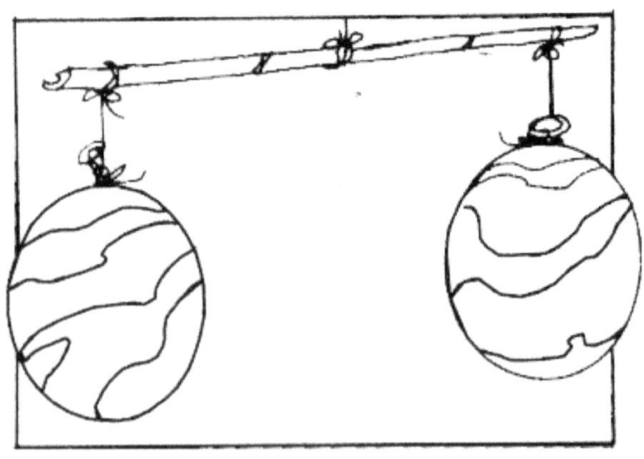

बांबू हवेमध्ये तरंगत राहायला हवा. आता दोरा बरोबर मध्यावर बांधलेला आहे की नाही याची खात्री करून घ्या. बांबू जमिनीला समांतर असायला हवा.

आता दोन्ही फुगे सारख्याच आकाराचे घ्या. ते सारख्याच प्रमाणात पूर्ण फुगवा. बांबूच्या दोन्ही टोकांना एकेक फुगा दोरीने बांधा. दोन्ही फुग्यांच्या दोऱ्यांची लांबी सारखी असायला हवी.

हा झाला फुग्यांचा तराजू. दोन फुगे म्हणजे तराजूची दोन पारडी. फुगे लावल्यानंतरही बांबू जमिनीशी समांतर असायला हवा. म्हणजे फुग्याची दोन्ही पारडी सारख्या वजनाची हवी. त्यासाठी तुम्हाला फुगे थोडेसे मागे-पुढे हलवावे लागतील.

पुन्हा एकदा बांबू जमिनीशी समांतर आहे याची खात्री करून घ्या. आता टाचणीने कोणताही एक फुगा फोडा.

फुगा फुटल्याबरोबर त्या बाजूची दांडी वर जाईल.

दुसऱ्या फुग्याची दांडी खाली जाईल.

यावरून हवेला वजन असतं हे सिद्ध होतं.

फुगा फोडल्यानंतर त्यातली हवा निघून जाते. दुसऱ्या बाजूच्या फुग्यामध्ये मात्र अजून हवा असते. त्याच्या वजनाने जड झालेलं पारडं खाली जातं. दुसऱ्या बाजूला वजन नसल्यामुळे त्याची दांडी वर जाते.

४४. हवा का वाहते?

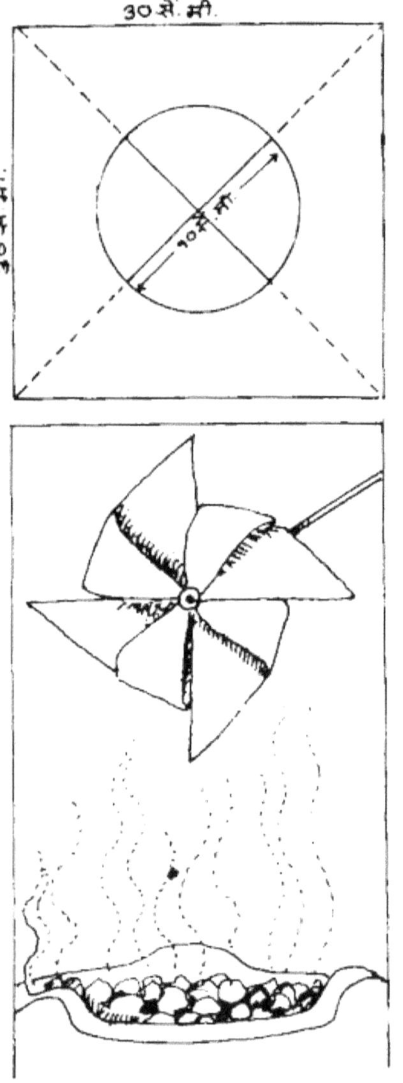

हवा वाहते हे सगळ्यांनाच माहीत आहे. पण ती का वाहते?

त्यासाठी हा प्रयोग करा.

आधी तुम्हाला एक भिरभिरे तयार करावं लागेल.

३० सेंमी. × ३० सेंमी. चा कागदाचा चौकोनी तुकडा घ्या. विरुद्ध बाजूचे कोपरे धरून पेन्सिलीने रेषा ओढा. एक फुली तयार होईल. दोन्ही रेषा जिथे मिळतात तो मध्यबिंदू धरून १० सेंमी. व्यासाचे वर्तुळ काढा. वर्तुळाच्या बाहेरच्या चार रेषा कात्रीने कापा.

कागदाचा प्रत्येक कोपरा दुमडून मध्यबिंदूजवळ आणा. त्याला टाचणी लावा. मागच्या बाजूने टाचणी एका काडीला टोचा.

आता तुमचे भिरभिरे तयार झाले.

हे भिरभिरे पेटलेल्या शेगडीवर किंवा गॅसवर किंवा उकळत्या पाण्याच्या भांड्यावर साधारण ५० सेंमी. अंतरावर धरा.

ते लगेच फिरायला लागेल. असे का होते?

उष्णतेमुळे हवा प्रसरण पावते हे तुम्हाला माहीत आहेच. उष्णतेमुळे हवेचे कण हलके होतात

आणि ते वर जायला लागतात. शेगडीच्या भोवताली जी हवा तापलेली नसते त्याचे कण जड असतात. ते खाली यायला लागतात. उष्णतेमुळे तापले म्हणजे हलके झालेले कण पुन्हा वर जायला लागतात.

अशा रीतीने हवा वाहायला लागते आणि त्यामुळे भिरभिरे फिरायला लागते.

४५. बर्फ पाण्यावर का तरंगतो?

थंड पाणी जड असते. बर्फ हा पण थंड पाण्याचाच बनलेला असतो. तरीसुद्धा तो पाण्यावर तरंगतो. असे का?

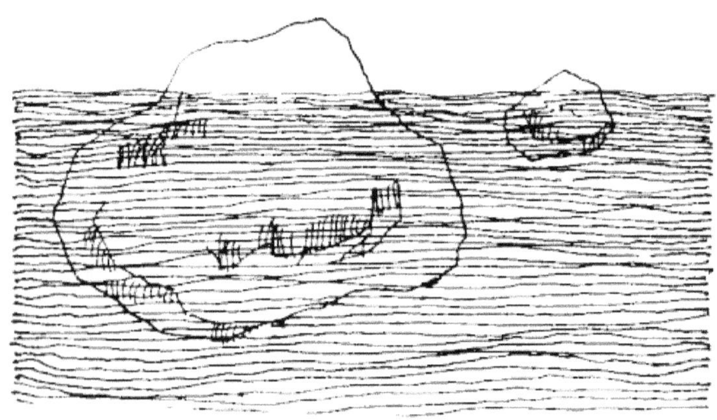

पाणी जसजसे थंड व्हायला लागते तसतसे घनफळ कमी व्हायला लागते. त्यामुळे त्याचे वजन वाढते.

परंतु ही क्रिया ४° सें. तापमान उतरेपर्यंत असते. या तापमानाला पाण्याची घनता सर्वात जास्त असते आणि घनफळ कमी असते.

पण जेव्हा पाण्याचा बर्फ व्हायला लागतो त्यावेळेस मात्र त्याचे घनफळ वाढायला लागते. त्याचे आकारमान वाढायला लागते; परंतु त्याचे वस्तुमान तेच असते.

याचाच अर्थ पाण्याची (बर्फाची) घनता कमी होते.

कोणत्याही वस्तूची घनता पाण्याच्या घनतेपेक्षा कमी असेल तर ती वस्तू पाण्यावर तरंगते.

झाडाचे वाळलेले पान, कागदाचा तुकडा, बूच पाण्यावर तरंगते. कारण या वस्तूंची घनता पाण्याच्या घनतेपेक्षा कमी असते. बर्फ जरी गोठलेलं पाणी असलं तरी बर्फाची घनता पाण्याच्या घनतेपेक्षा कमी असल्यामुळे ते पाण्यावर तरंगते.

४६. बाष्पीभवन म्हणजे काय?

हे समजण्यासाठी एक अतिशय साधा आणि सोपा प्रयोग करावा लागेल. तीन सारख्याच आकाराच्या बशा घ्या. त्या शेजारी जवळजवळ अशा ठेवा. पहिल्या बशीमध्ये एक चमचा पाणी टाका. दुसऱ्या बशीमध्ये दोन चमचे पाणी टाका. तिसऱ्या बशीमध्ये तीन चमचे पाणी टाका. त्यानंतर बशांकडे अधूनमधून लक्ष ठेवा.

काही तासांनंतर तुमच्या असं लक्षात येईल की, पहिल्या बशीमधलं पाणी सर्वांत आधी नाहीसं झालेलं आहे. त्यानंतर दुसऱ्या आणि त्यानंतर तिसऱ्या बशीतलं पाणी नाहीसं झालेलं आहे.

वातावरणातल्या तापमानामुळे बशीतल्या पाण्याची वाफ होते. यालाच बाष्पीभवन म्हणतात. हे बाष्पीभवन पाण्याच्या पृष्ठभागापासून सतत होत असतं.

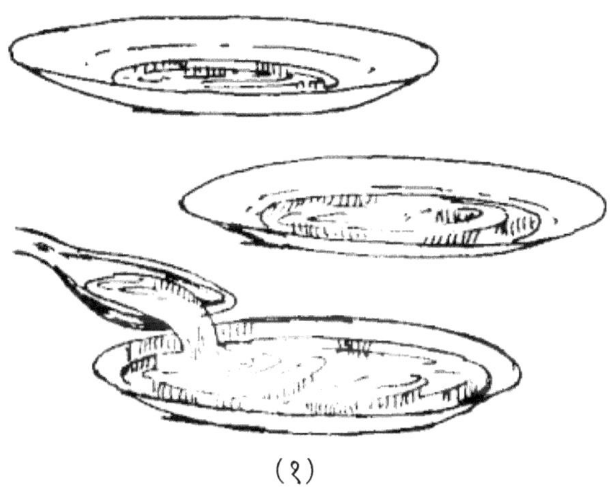

(१)

हे तुम्हाला दुसऱ्या एका प्रयोगावरून समजेल.

त्यासाठी एक बशी, एक ग्लास आणि एक अरुंद तोंडाची बाटली घ्या. प्रत्येकात दोन चमचे पाणी टाका.

प्रत्येकात सारखंच पाणी आहे. कोणत्या भांड्यातल्या पाण्याचं बाष्पीभवन लवकर होईल?

जरा नीट लक्ष देऊन बघा.

बशीतल्या पाण्याचं बाष्पीभवन सर्वात आधी झालेलं असेल. त्यानंतर ग्लासातलं आणि सर्वात शेवटी बाटलीतलं. यावरून असं लक्षात येईल की, द्रवाचा पृष्ठभाग जेवढा मोठा असेल तेवढ्या लवकर त्याचं बाष्पीभवन होतं.

४७. अंघोळ केल्यानंतर थंडी का वाजते?

थोडासा कापूस घ्या. तो पाण्यात बुडवून तळहातावर घासा. हात ओलसर होईल. काही क्षणांतच तो भाग तुम्हाला थंड लागेल. असं का होतं?

पाण्याचं बाष्पीभवन होत असताना उष्णताही शोषली जाते. हाताचा जो भाग ओलसर असतो तिथली उष्णता बाष्पीभवनाच्या क्रियेमुळे शोषली गेल्याने त्या भागाचं तापमान कमी होतं. त्यामुळे तो भाग थंड वाटायला लागतो.

आता स्पिरीटमध्ये बुडवलेला कापसाचा बोळा हाताच्या कोणत्याही भागावर घासा. स्पिरीट लावलेला भाग अतिशय थंड वाटेल. कारण स्पिरीटचं बाष्पीभवन पाण्यापेक्षा लवकर होतं आणि त्यासाठी त्याला उष्णताही जास्त लागते. म्हणून स्पिरीट लावलेला तो भाग जास्त थंड वाटतो.

अंघोळ केल्यानंतर थंडी का वाजते हे आता तुम्हाला समजलं असेल. ओलसर अंगाला हवेचा स्पर्श झाला की, पाण्याचं जलद गतीनं बाष्पीभवन होतं. त्यामुळे शरीरातली उष्णताही त्याच वेगाने बाहेर पडते. शरीराचं तापमान कमी होतं आणि म्हणून थंडी वाजते.

४८. बाष्पीभवन, उष्णता आणि वाऱ्याचा झोत

एक पाटी घ्या. त्याच्या दोन्ही बाजू ओलसर फडक्याने पुसा.

आता एका भागावर तोंडाने सतत फुंकर मारा.

किंवा पाटी फिरत्या पंख्यासमोर धरा.

कोणती बाजू लवकर सुकेल?

तुमचं उत्तर बरोबर आहे. फुंकर मारलेली किंवा पंख्यासमोर धरलेली बाजू लवकर सुकेल.

वाऱ्याच्या झोतामुळे पाण्याचे कण वेगाने उडून जातात. पाण्याचे बाष्पीभवन वेगाने होते.

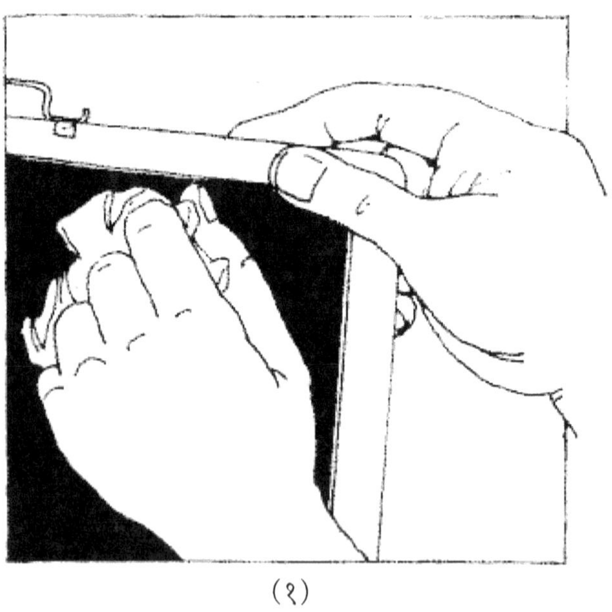

(१)

उष्णता आणि बाष्पीभवन याचा काही संबंध आहे का?

हे समजण्यासाठी एक प्रयोग करा.

दोन सारखे टॉवेल घ्या. पाण्यात बुडवून घट्ट पिळून काढा. त्यातला एक टॉवेल घरात वाळत घाला. दुसरा उन्हामध्ये वाळत घाला.

कोणता टॉवेल लवकर वाळेल?

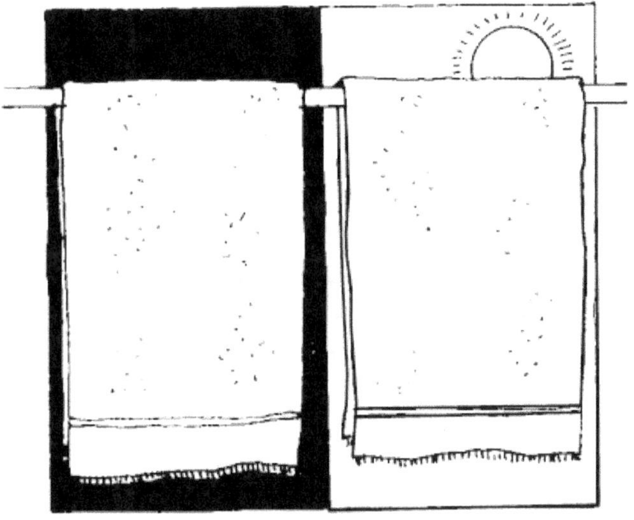

अर्थात उन्हात घातलेला टॉवेल लवकर वाळेल.

उन्हाच्या उष्णतेमुळे पाण्याच्या कणांचे लवकर बाष्पीभवन होते.

४९. उष्णतेचा पाण्याच्या वजनावर काय परिणाम होतो?

थंड पाणी जड असतं आणि गरम पाणी हलकं असतं हे सिद्ध करण्यासाठी तुम्हाला एक साधा प्रयोग करावा लागेल.

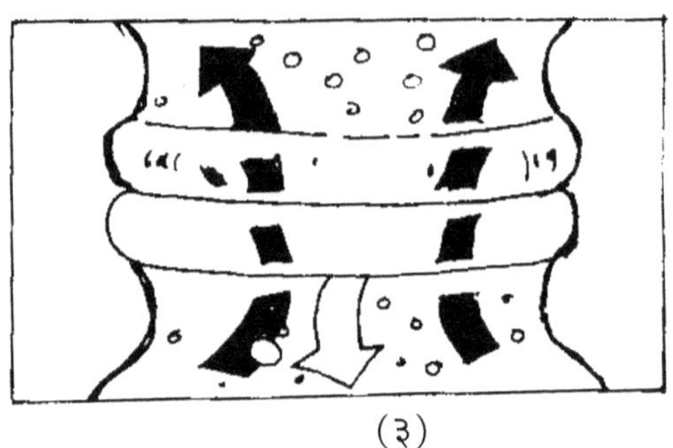

(३)

(१)

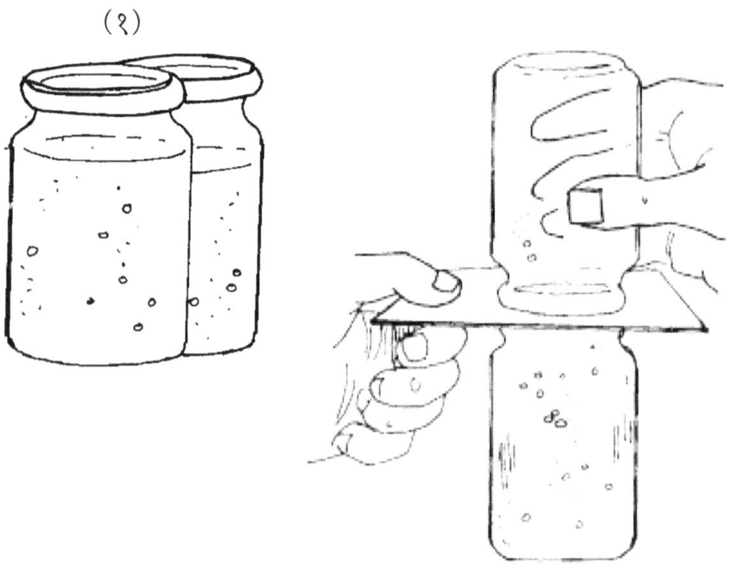

दोन अगदी सारख्या आकाराच्या बाटल्या घ्या. एका बाटलीमध्ये थंड पाणी भरा. दुसऱ्या बाटलीमध्ये गरम पाणी भरा. गरम पाण्यामध्ये लाल शाईचे काही थेंब टाका.

थंड पाण्याच्या बाटलीवर जाड पुठ्ठ्याचा तुकडा ठेवा. पुठ्ठ्याला हाताचा आधार देऊन बाटली उलटी करा आणि पुठ्ठ्यासकट गरम पाण्याच्या बाटलीवर ठेवा. दोन्ही बाटल्यांची तोंडे एकमेकांवर व्यवस्थित बसलीत याची खात्री करून घ्या आणि मग मधला पुठ्ठा अलगद ओढून घ्या.

वरच्या बाटलीतलं पाणी थंड आहे. खालच्या बाटलीतलं पाणी गरम आहे आणि लाल रंगाचं आहे. त्यामुळे तुम्हाला ते सहज दिसेल.

काही वेळाने लाल रंगाचं गरम पाणी वरच्या बाटलीत जाताना तुम्हाला दिसेल. असं का होतं?

कारण गरम पाणी हलकं असल्यामुळे ते वर जाण्याचा प्रयत्न करतं. थंड पाणी जड असल्यामुळे ते गरम पाण्याला वर ढकलून खाली यायला लागतं.

●

५०. हिवाळ्यात लोकरीचे कपडे घातल्यावर थंडी का वाजत नाही?

दोन सारख्या बाटल्या घ्या. दोन्ही बाटल्यांमध्ये गरम पाणी भरा. बाटल्यांची झाकणं घट्ट लावा.

आता एका बाटलीभोवती लोकरीचं कापड किंवा स्वेटर गुंडाळा. दुसरी बाटली तशीच ठेवा.

काही वेळाने दोन्ही बाटल्यांना हात लावून बघा. कोणत्या बाटलीतलं पाणी लवकर थंड होईल?

जी बाटली मोकळी आहे त्यातलं पाणी थंड झालेलं असेल.

लोकरीचं कापड गुंडाळलेल्या बाटलीतलं पाणी अजूनही गरमच असेल.

कारण लोकरीचं कापड पाण्यातली उष्णता बाहेर जाऊ देत नाही.

थंडीच्या दिवसांत स्वेटर घातला की, थंडी वाजत नाही. कारण लोकरीमुळे आपल्या अंगातली उष्णता बाहेर जात नाही.

५१. उष्णतेमुळे धातूचं प्रसरण होतं

काचेची एक बाटली घ्या. त्यात वाळू भरा. म्हणजे बाटली जड होईल. बाटली टेबलाच्या एका कडेला ठेवा. दुसऱ्या कडेला (बाटलीच्या समोरच्या कडेला) बाटलीच्याच उंचीइतकी पुस्तकं एकमेकांवर ठेवा. तांब्याची मजबूत अशी लांबलचक तार घ्या. त्याचं एक टोक बाटलीच्या मानेला बांधा. तार पुस्तकावरून नेऊन टेबलाच्या खाली लोंबकळेल यासाठी तारेच्या दुसऱ्या टोकाला एखादी जड वस्तू बांधा. तार घट्ट आणि ताठ राहायला हवी. (आकृती बघा)

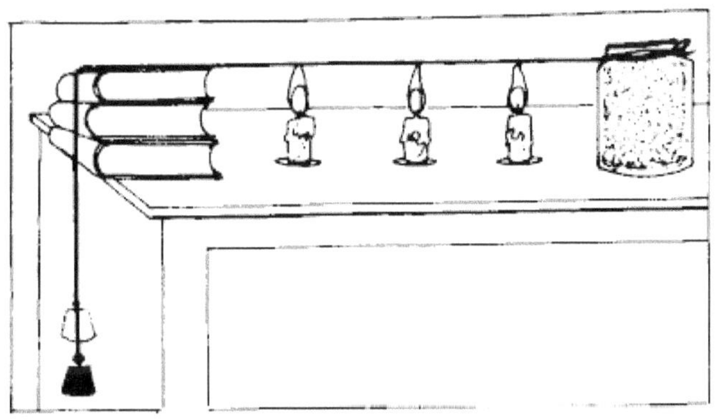

लोंबकळणाऱ्या तारेला बांधलेली जड वस्तू जमिनीपासून किती उंचीवर आहे बघा. जड वस्तूच्या शेजारी खूण करा.

आता टेबलावर तारेच्या खाली तीन-चार मेणबत्त्या अंतर राखून ओळीने ठेवा. मेणबत्त्या पेटवा. मेणबत्तीच्या ज्योतीने तार गरम व्हायला पाहिजे.

जेव्हा तार गरम होईल तेव्हा लोंबकळणाऱ्या वस्तूकडे लक्ष ठेवा. ती वस्तू आधी केलेल्या खुणेच्या खाली गेलेली दिसेल.

याचा अर्थ उष्णतेमुळे तारेची लांबी वाढली.

कारण उष्णतेमुळे धातूचं प्रसरण झालं.

५२. पाणी उकळत असतानाही परीक्षानळी हातात धरता येते का?

प्रयोग केल्याशिवाय तुम्हाला ते समजणार नाही.

काचेची परीक्षानळी घ्या. ती अग्निरोधक आहे याची खात्री करून घ्या. नळीमध्ये ३/४ पाणी भरा. आकृतीत दाखविल्याप्रमाणे थोडीशी तिरकी करून पेटत्या मेणबत्तीवर धरा. काही वेळाने परीक्षानळीतलं पाणी उकळायला लागेल. त्याच्या वाफासुद्धा बाहेर निघताना दिसतील.

आणि तरीसुद्धा तुमची बोटं भाजणार नाहीत.

परीक्षानळीखालच्या भागाला धरल्यामुळे हात भाजत नाहीत. पण समजा परीक्षानळी उभी धरून पाणी तापवलं तर?

हात भाजतील का?

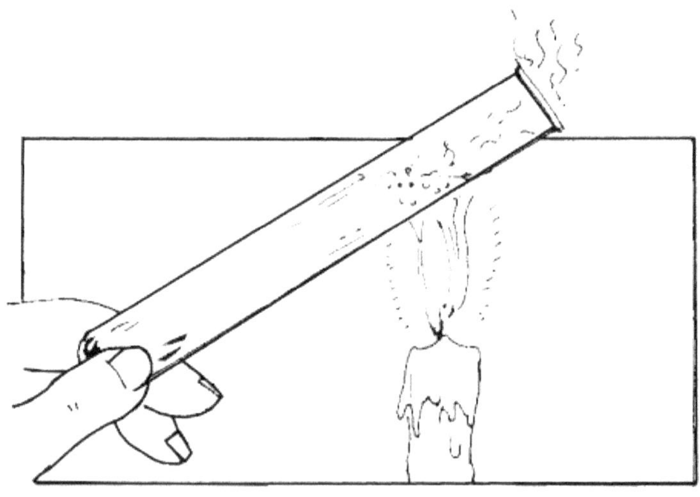

नक्कीच! तुम्हाला एक क्षणभरही परीक्षानळी हातात धरता येणार नाही. असं का? दोन्हीमध्ये काय फरक आहे?

पाणी उकळायला लागलं की, त्याचे रेणू हलके झाल्यामुळे वरच्या दिशेने जाऊ लागतात. त्याची जागा थंड पाणी घेते. उष्णतेमुळे हे थंड पाणी गरम होते.

हलके झाल्यामुळे हे पाणी वर जाते. अशा तऱ्हेने सगळं पाणी गरम होईपर्यंत ही क्रिया चालू राहते; परंतु त्यामुळे परीक्षानळी संपूर्ण गरम होते. म्हणून ती हातात धरता येत नाही.

परीक्षानळी तिरकी करून पाणी तापवलं तर फक्त वरच्या भागातलंच पाणी गरम होतं. ते उकळलं तरी वाफ होऊन वरच्यावर निघून जाते.

खालच्या भागातलं पाणी थंडच राहतं.

म्हणून खालून परीक्षानळी हातात धरली तरी बोटं भाजत नाहीत.

५३. श्वासावाटे आपण कार्बन-डाय-ऑक्साईड बाहेर सोडतो हे कसं सिद्ध करणार?

त्यासाठी एक परीक्षानळी घ्या. त्यामध्ये चुन्याच्या निवळीचं पाणी टाका. कागदाची पुंगळी (स्ट्रॉ) घ्या. परीक्षानळीत बुडवा आणि तोंडाने नळीतून हवा फुंका. परीक्षानळीत तुम्हाला बुडबुडे तयार झालेले दिसतील. काही वेळ हवा फुंकल्यानंतर पारदर्शक चुन्याची निवळी दुधासारखी पांढरी झालेली दिसेल. श्वासावाटे बाहेर सोडलेल्या कार्बन-डाय-ऑक्साईडमुळे चुन्याची निवळी दुधासारखी पांढरी होते.

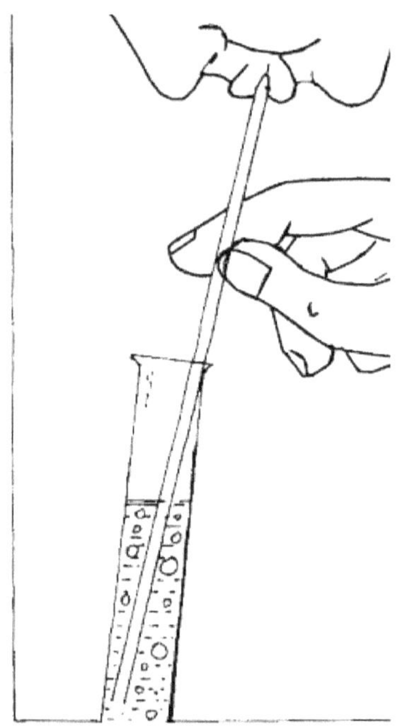

५४. उष्णतावाहक

    ३० सें. मी. लांबीची लोखंडाची सळई घ्या. मेणबत्ती पेटवा. सळईच्या एका टोकापासून ५ सें. मी. अंतरावर मेणबत्ती धरून त्यावर वितळलेल्या मेणाचे काही थेंब सोडा. मेण घट्ट होण्याआधीच त्यावर एक छोटासा दगड ठेवा. मेण घट्ट झाल्यावर तो दगड तिथे चिकटून राहील. दगडाच्या ५ सें. मी. अंतरावर पुन्हा एक दगड याच पद्धतीने चिकटवा. असे एकंदर तीन दगड चिकटवा.

    सळई हातात धरून दुसरं टोक मेणबत्तीच्या ज्योतीवर धरा. सळई तापली

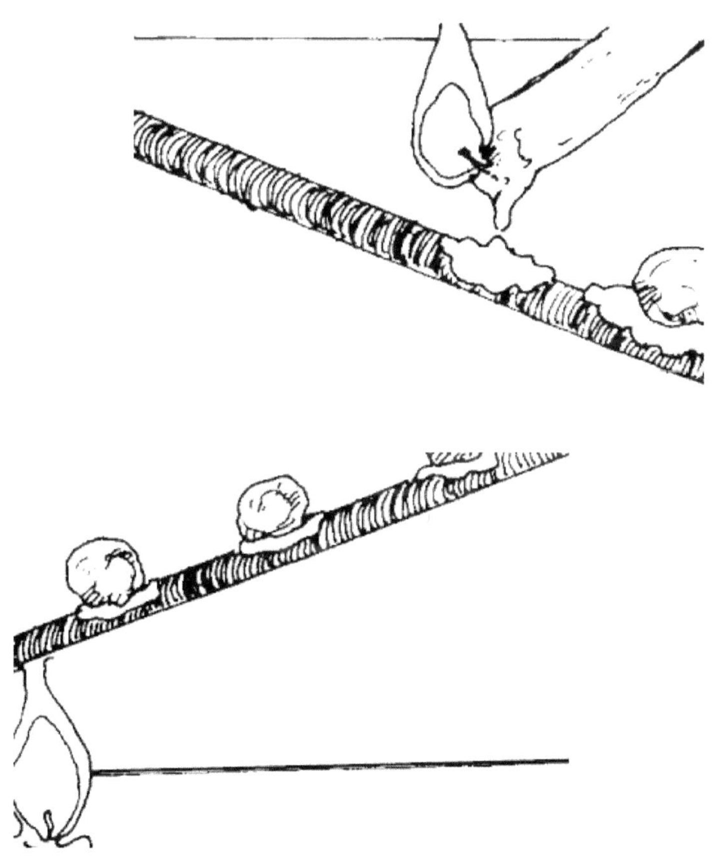

म्हणजे पहिल्या दगडाखालचं मेण वितळेल आणि दगड खाली पडेल. काही वेळाने दुसरा आणि मग तिसरा खाली पडेल.

याचा अर्थ लोखंडाच्या एका टोकाला दिलेली उष्णता वाहत वाहत दुसऱ्या टोकाकडे जाते. म्हणजेच लोखंडाची सळई उष्णतेची वाहक आहे.

ज्या वस्तूमध्ये एका टोकाकडून दुसऱ्या टोकाकडे उष्णता पूर्णपणे वाहते त्या वस्तूला उष्णतेचे उत्तम वाहक म्हणतात.

५५. द्रवीकरण म्हणजे काय?

काचेचा एक ग्लास घ्या. अर्धा ग्लास पाणी भरा. नंतर त्यात बर्फाचे खडे टाका. काही वेळानं बर्फ विरघळायला लागेल. पाणी थंडगार होईल. त्याचबरोबर काचेचा ग्लासही थंडगार होईल.

काही वेळानंतर ग्लासच्या बाहेरच्या भागावर पाण्याचे बारीक बारीक थेंब दिसायला लागतील. उन्हाळा असेल तर असे थेंब खूप लवकर दिसायला लागतील आणि जास्त संख्येनेसुद्धा दिसतील.

मागच्या प्रयोगांवरून बाष्पीभवन म्हणजे काय हे तुम्हाला समजलं असेलच.

कुठल्याही पाण्याच्या पृष्ठभागावरून हे बाष्पीभवन सतत होत असते. या क्रियेतून पाण्याची सतत वाफ होत असते आणि वातावरणात मिसळत असते.

पण या वाफेला जेव्हा एखाद्या थंडगार पदार्थाचा स्पर्श होतो तेव्हा या वाफेचे पुन्हा पाण्यात रूपांतर होते. काचेच्या बाहेरच्या बाजूने जे थेंब दिसतात ते याच पद्धतीने तयार झालेले असतात. यालाच 'द्रवीकरण' असे म्हणतात. उन्हाळ्यामध्ये तापमान जास्त असते त्यामुळे बाष्पीभवन लवकर होते आणि म्हणूनच द्रवीकरणसुद्धा लवकर होते.

५६. उष्णतेचा पाण्यावर काय परिणाम होतो?

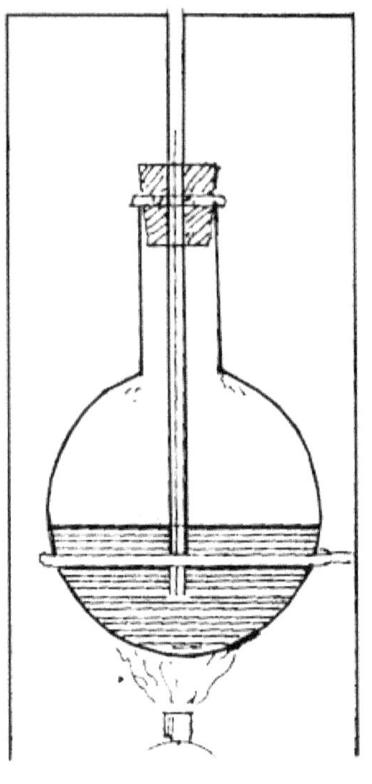

हा प्रयोग करण्यासाठी काचेचा एक चंबू, एक बूच आणि एक काचेची नळी हवी. बुचाला एक छिद्र पाडा. त्याच्यातून काचेची नळी आत घाला. कुठे फट राहू नये म्हणून छिद्राभोवती लाख किंवा ग्रीस लावा. आता नळीसकट बूच काचेच्या चंबूला बसवा.

चंबूमध्ये पाणी टाका. लाल किंवा निळ्या शाईचे दोन-चार थेंब पाण्यात टाका. काचेची नळी पाण्यात बुडल्यानंतर नळीमधल्या पाण्याची पातळी किती आहे बघा. वाटल्यास त्यावर खूण करा.

आता चंबू बर्नरवर ठेवून गरम करा. पाणी तापताना काय बदल होतो बघा. काचेच्या नळीतील पाण्याची उंची तुम्हाला वाढलेली दिसेल.

उष्णतेमुळे पाण्याचं प्रसरण होतं. पाणी गरम होत असताना पाण्यातले रेणू अतिशय वेगानं हालचाल करत एकमेकांना ढकलतात. त्यांना पहिल्यापेक्षा मोठी जागा लागते. म्हणून ते पाणी नळीवर वर चढायला लागते.

उष्णतेमुळे पाण्याचं प्रसरण होतं हे या प्रयोगावरून सिद्ध होतं.

५७. कार्बन-डाय-ऑक्साईडमुळे खरोखरच आग विझते का?

त्यासाठी घरच्या घरी कार्बन-डाय-ऑक्साईड कसा तयार करायचा ते माहीत हवं. एका ग्लासमध्ये थोडंसं व्हिनेगर घ्या. दुसऱ्या ग्लासमध्ये थोडासा बेकिंग सोडा (सोडियम-बाय-कार्बोनेट) घ्या. दोन्ही ग्लासमध्ये अर्धा अर्धा कप पाणी टाका. काड्याच्या पेटीतील एक काडी पेटवून दोन्ही ग्लासच्या वर आलटून पालटून धरा. काडी विझणार नाही.

आता व्हिनेगरचं पाणी बेकिंग सोडा असलेल्या ग्लासात ओता. त्याबरोबर पाण्यामधून बुडबुडे यायला लागतील. हे बुडबुडे म्हणजेच कार्बन-डाय-ऑक्साईड. आता जळती काडी ग्लासवर धरा. काडी लगेच विझून जाईल.

असं का होतं?

कार्बन-डाय-ऑक्साईड हा हवेपेक्षा जड असल्याने तो जळत्या काडीच्या भोवती एक पडदा तयार करतो. त्यामुळे प्राणवायू (ऑक्सिजन) जळत्या काडीकडे जाऊ शकत नाही. कोणतीही गोष्ट जळण्यासाठी प्राणवायूची आवश्यकता असते. काडीला प्राणवायू मिळत नाही, म्हणून काडी विझते.

५८. कार्बन-डाय-ऑक्साईड वायू हवेपेक्षा जड असतो

श्वासावाटे आपण जी हवा आत घेतो आणि सोडतो त्या हवेमध्ये बरेच वायू मिसळलेले असतात. उदा. ऑक्सिजन, कार्बन-डाय-ऑक्साईड, नायट्रोजन, हायड्रोजन इ. यापैकी हायड्रोजनसारखे वायू हलके असतात. कार्बन-डाय-ऑक्साईड जड असतो.

परंतु हे कसं सिद्ध करणार?

त्यासाठी मोठ्या आकाराचं भांडं घ्या. मेणबत्तीचे तीन तुकडे घ्या. २ सें. मी., ५ सें. मी. आणि ८ सें. मी. अशी त्यांची उंची असायला हवी.

हे तिन्ही तुकडे भांड्यामध्ये ओळीने उभे करून ठेवा. भांड्यामध्ये थोडासा बेकिंग सोडा टाका. आता तिन्ही मेणबत्त्या पेटवा. त्या चांगल्या पेटू द्या. नंतर चमच्यामध्ये व्हिनेगर घेऊन भांड्याच्या कडेने अलगद आतमध्ये ओता. व्हिनेगर आणि बेकिंग सोडा यांचं मिश्रण झाल्याबरोबर त्यातून बुडबुडे बाहेर पडताना दिसतील. हा कार्बन-डाय-ऑक्साईड वायू आहे, हे तुम्हाला माहीत आहेच.

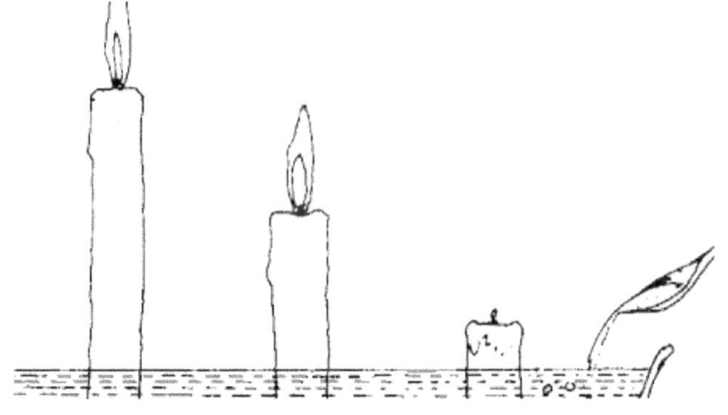

आता मेणबत्त्यांकडे नीट लक्ष द्या. सगळ्यात लहान मेणबत्ती आधी विझेल. नंतर मधली आणि नंतर सर्वात उंच मेणबत्ती विझेल.

कारण कार्बन-डाय-ऑक्साईड वायू हवेपेक्षा जड असल्यामुळे भांड्यामध्ये तो तळाला राहतो. नंतर वाढत वाढत वर जातो. म्हणून तळाला असलेली लहान मेणबत्ती आधी विझते.

५९. जळत्या मेणबत्तीवर काचेची बरणी पालथी टाकली तर काय होईल?

हे समजून घेण्यासाठी आधी दुसरा एक प्रयोग करा. काचेची रुंद तोंडाची बाटली घ्या. त्यामध्ये मेणबत्ती ठेवा आणि पेटवा. जाड पुठ्ठा घेऊन तो बरणीच्या तोंडावर पूर्ण झाकेल असा ठेवा.

मेणबत्ती विझून जाईल.

आता दुसरा प्रयोग करा.

बशीमध्ये मेणबत्ती उभी करून पेटवा. बशीमध्ये पाणी भरा. आता रुंद तोंडाची काचेची बरणी मेणबत्तीवर पालथी घाला.

काय होतं बघा.

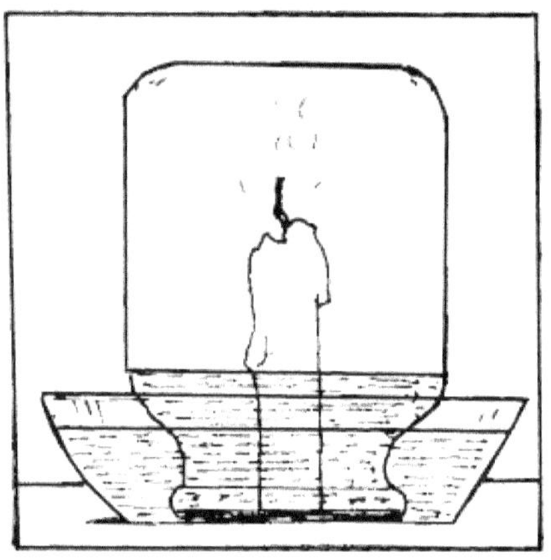

काही वेळानं मेणबत्ती विझून जाईल. पण त्याबरोबर बरणीतल्या पाण्याची पातळी वाढलेली दिसेल.

कारण बरणीमधली हवा मेणबत्तीने जळण्यासाठी वापरली. हवा संपल्यामुळे मेणबत्ती विझली. बरणीमध्ये निर्माण झालेली पोकळी भरून काढण्यासाठी बशीतलं पाणी बरणीत चढलं.

६०. इलेक्ट्रिक बल्बमधली तार जळत का नाही?

तुमच्या घरातल्या इलेक्ट्रिक बल्बचं जरा निरीक्षण करा. बटण दाबलं की, त्यातून प्रकाश यायला लागतो. बल्बच्या आतमध्ये एक तार असते. त्याला फिलॅमेंट म्हणतात. बटण दाबल्यावर तारेतून विजेचा प्रवाह जातो. तार गरम होते आणि त्यातून प्रकाश बाहेर पडायला लागतो.

कोणतीही वस्तू जास्त तापवली तर जळून जाते; परंतु बल्ब कितीही वेळ 'जाळला' तरी आतली तार जळून जात नाही.

असं का होतं?

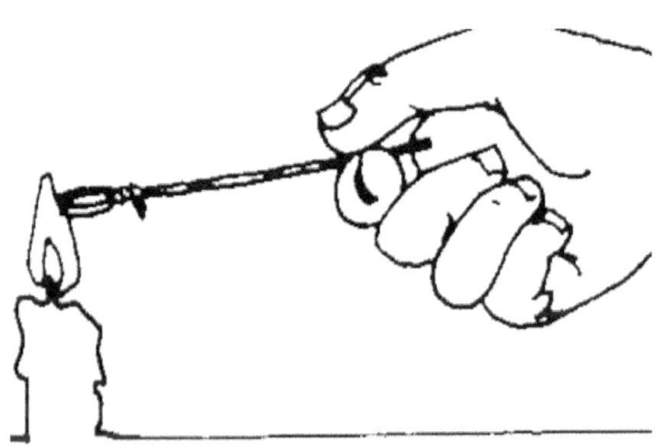

१५ सें. मी. लांबीची एक फ्यूजची तार घ्या. तारेचं एक टोक पेनभोवती गुंडाळून एक वेढा घ्या. पेन काढून घ्या. तारेचं वेटोळं तयार झालेलं दिसेल. आता मेणबत्तीच्या ज्योतीवर तार धरून हे वेटोळं गरम करा. तार गरम झाल्यावर लाल दिसायला लागेल. आणखी तापवली तर पांढऱ्या रंगाची होईल आणि त्यातून प्रकाश बाहेर पडेल. आणखी तापवली तर तार जळून जाईल.

इलेक्ट्रिक बल्बमधल्या तारेतूनही असाच प्रकाश बाहेर पडत असतो, तरीसुद्धा खूप तापूनही तार जळत नाही.

कारण जळण्यासाठी ऑक्सिजनची गरज असते, हे तर तुम्हाला माहीत आहेच. इलेक्ट्रिकच्या बल्बमध्ये ऑक्सिजन वायू नसतो. बल्ब तयार करतानाच तो

काढून टाकलेला असतो. बल्बमध्ये एकतर निर्वात पोकळी असते किंवा इतर वायू असतात की, जे जळण्याला मदत करत नाहीत.

बल्बमधली तार तापते. पांढरी होते. त्यातून प्रकाश बाहेर पडतो; परंतु ऑक्सिजन नसल्यामुळे तार जळून जात नाही.

६१. कप्पीच्या साहाय्याने जड वस्तू कशी उचलली जाते?

तुम्हाला एक गमतीचा खेळ शिकवतो. यामध्ये तुमच्यापेक्षा ताकद जास्त असलेल्या मित्रांना बोलवा.

दोन लाकडी काठ्या घ्या. दोन्ही मित्रांच्या हातात एकेक काठी देऊन ती आडवी धरायला सांगा. समोरासमोर तोंड करून मधे तीन फूट अंतर ठेवून उभं

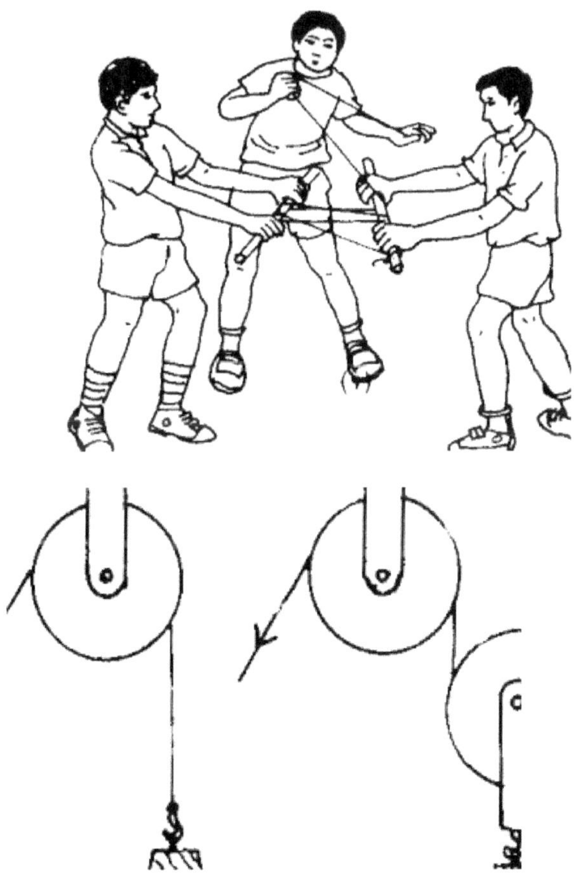

राहायला सांगा.

आता सहा मीटर लांबीचा मजबूत दोरा घ्या. कोणत्याही काठीच्या एका टोकाला दोरा बांधा. आकृतीत दाखवल्याप्रमाणे दोन्ही काठ्यांना दोऱ्याचे वेढे घ्या. दोऱ्याचं टोक तुमच्या हातात धरा. दोरा ओढून घट्ट ताणून धरा आणि मित्रांना काठी स्वत:कडे ताकद लावून ओढायला सांगा. तुमच्यापेक्षा ते ताकदवान असले तरीही त्यांना काठी ओढता येणार नाही. काही वेळाने ते हरल्याचं कबूल करतील.

आता तुम्ही तुमच्या हातातला दोरा जराशी जाकद लावून ओढा. दोन्ही काठ्या जवळजवळ येतील.

तुमच्या दोन्ही मित्रांपेक्षा तुमच्या अंगात जास्त ताकद आहे असं तुम्हाला वाटेल; परंतु यामध्ये तुमच्या ताकदीचा काहीही संबंध नाही. काठ्यांना तुम्ही ज्या प्रकारे वेढे दिले ते एखाद्या कप्पीसारखे काम करतात.

जास्त वजन असलेली वस्तू कप्पीच्या साहाय्याने अलगद उचलली जाते. तुमच्या खेळामध्ये वजनांऐवजी तुमचे दोन ताकदवान मित्र होते. काठी आणि दोर यांनी कप्पीचं काम केलं.

●

६२. गंजण्यामुळे वातावरणावर काय परिणाम होतो?

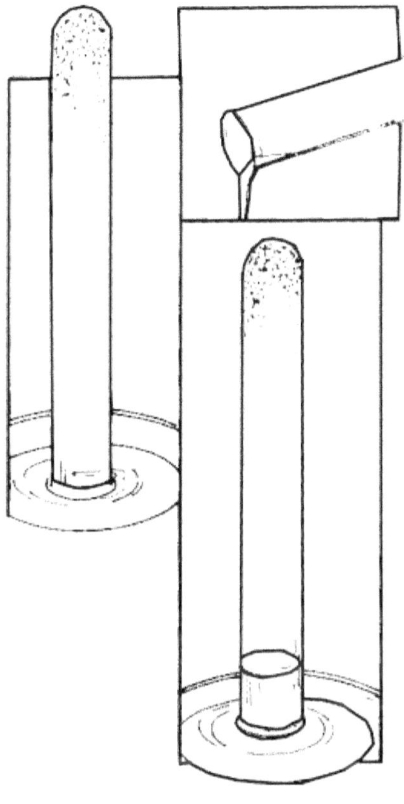

पावसाळ्यामध्ये लोखंडाच्या वस्तूंवर लालसर तांबूस रंगाचा थर जमा झालेला दिसतो. यालाच गंज चढणे असं म्हणतात.

गंजण्याचा वातावरणावर काय परिणाम होतो हे पाहण्यासाठी एक प्रयोग करा. एका परीक्षानळीत पाणी भरा आणि पाणी टाकून द्या. परीक्षानळी आतून ओलसर राहील.

आता परीक्षानळीमध्ये लोखंडाचा चुरा टाका. परीक्षानळी ओलसर असल्यामुळे लोखंडाचा चुरा आतमध्ये चिकटून बसेल.

बशीमध्ये पाणी घ्या. परीक्षानळीचं तोंड पाण्यामध्ये बुडवून ती उभी करा.

दोन-तीन दिवसांनंतर परीक्षानळीतला लोखंडाचा चुरा गंजलेला दिसेल. कारण हवा आणि पाणी यांचा लोखंडाशी संपर्क झाला म्हणजे लोखंड गंजतं.

त्याचबरोबर परीक्षानळीतल्या पाण्याची पातळी वाढलेली दिसेल. याचा अर्थ परीक्षानळीतली हवा वापरली गेल्यामुळे संपली. म्हणून पोकळी भरून काढण्यासाठी बशीतलं पाणी परीक्षानळीत वर चढलं.

परीक्षानळीतली हवा का संपली? कारण त्यातला ऑक्सिजन हा वायू गंजण्याच्या क्रियेसाठी वापरला गेला.

मागच्या एका प्रयोगात काडी जळण्यासाठी ऑक्सिजनची आवश्यकता असते

हे आपण पाहिलं.

याचा अर्थ गंजण्याची क्रियासुद्धा मंद गतीने जळण्याची क्रिया असते. त्यासाठी वातावरणातला ऑक्सिजन वापरला जातो.

●

६३. ज्वाला रंगीत का दिसतात?

चुलीमध्ये एखादं लाकूड जळताना तुम्ही पाहिलंत का? त्याच्या ज्वाळा रंगीबेरंगी असतात. कधी त्या लाल असतात. कधी पिवळ्या, कधी निळ्या, कधी हिरव्या. पण हे रंग का दिसतात याचा तुम्ही कधी विचार केलाय का?

त्यासाठी एक प्रयोग करून बघा.

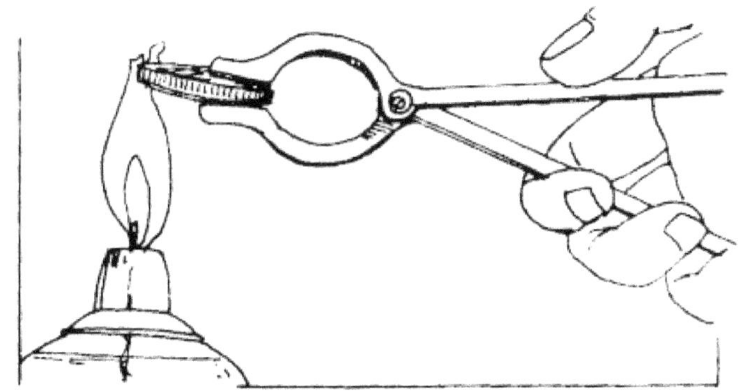

घरातल्याच काही वस्तू गोळा करा. उदा. मीठ, कॉस्टिक सोडा, बेकिंग सोडा, तुरटी पावडर, चुना इ.

आता रुपयाचं एकदम नवीन नाणं घ्या. चिमट्याने धरून पाण्यात बुडवा आणि मग मिठात बुडवा. नाणं ओलसर असल्यामुळे मीठ त्याला चिकटेल. आता नाणं बर्नरवर तापवा. काही वेळाने त्यातून पिवळ्या ज्वाळा येताना दिसतील. मीठ पूर्णपणे जळून गेल्यानंतर पुन्हा एकदा नाणं पाण्यात बुडवा. दुसऱ्या पदार्थात बुडवा.

अशा पद्धतीने एकेक पदार्थ जाळून बघा. प्रत्येक पदार्थातून कोणत्या रंगाच्या ज्वाळा निघतात याची नोंद करून ठेवा.

त्यातल्या काही पदार्थांतून रंगीत ज्वाळा निघणार नाहीत. पण बहुतेकांतून निघतील. उदा. बोरॅक्सच्या ज्वाळा हिरव्या असतात.

प्रत्येक मूलद्रव्याचा स्वतःचा असा रंग असतो, असं शास्त्रज्ञांनी सिद्ध केलं आहे. उदा. सोडियम एका ठराविक तापमानापर्यंत तापवले तर त्यातून पिवळा प्रकाश बाहेर पडतो. मिठामध्ये सोडियम असतं म्हणून त्यातून पिवळ्या ज्वाळा

बाहेर पडतात. बोरॅक्स आणि बोरिक ॲसिडमध्ये बोरॉन असतो म्हणून हिरव्या ज्वाळा दिसतात.

लाकूड जळताना त्यातून ज्या ज्वाळा निघतात, त्यातले रंग आणि मूलद्रव्य ओळखण्याचा प्रयत्न करा.

६४. बर्फावरचं स्केटिंग

अतिशय थंड हवामान असलेल्या प्रदेशात नद्या आणि तळी गोठून जातात. त्यातल्या पाण्याचा बर्फ होतो. या बर्फावर तिथली मुलं स्केटिंग नावाचा घसरगुंडीचा प्रकार खेळतात. त्यासाठी पायामध्ये खास प्रकारचे बूट घालावे लागतात. त्यामुळे बर्फावर आरामात घसरत जाता येतं. हे कसं होतं?

हे समजण्यासाठी एक प्रयोग करा.

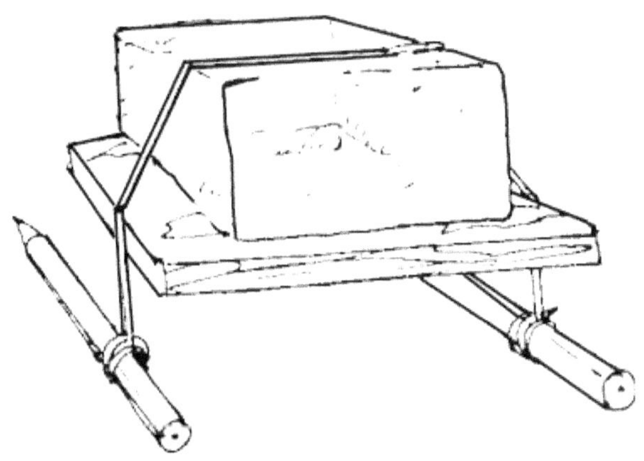

५० सें. मी. लांबीची अत्यंत बारीक; परंतु मजबूत अशी तार घ्या. त्याच्या दोन्ही टोकांना एकेक पेन्सिल बांधा.

आता एका स्टुलावर बर्फाचा मोठा चौकोनी खडा ठेवा. त्यावर तार आडवी ठेवा. पेन्सिली उजव्या आणि डाव्या बाजूला लोंबकळतील. एक पेन्सिल उजव्या हातात धरा. दुसरी पेन्सिल डाव्या हातात धरा आणि जोर देऊन ओढत रहा.

काय होतं बघा.

हळूहळू तार बर्फामध्ये घुसेल. काही वेळाने ती बर्फामधून आरपार निघून जाईल. तुम्हाला असं वाटेल की, बर्फाचे दोन तुकडे झाले. ते वेगळे करून बघा. होणार नाहीत. बर्फामधून तार आरपार जाऊनसुद्धा बर्फ अखंड राहिला.

असं का झालं?

तारेवर दाब दिला की, दाबामुळे तात्पुरती उष्णता निर्माण होते. त्यामुळे त्या

भागातला बर्फ वितळतो. दाब नाहीसा झाला की, उष्णताही नाहीशी होते म्हणून वितळलेल्या पाण्याचा पुन्हा बर्फ होतो. हीच क्रिया तार बर्फातून आरपार जाईपर्यंत होत असते.

बर्फावर स्केटिंग करतानासुद्धा असंच होतं. माणसाचं पूर्ण वजन बर्फावर पडल्याने तेवढा भाग उष्णतेमुळे वितळून जातो आणि या वितळलेल्या पाण्यामुळे माणूस बुटांसकट पुढे सरकतो. वितळलेला बर्फ तिथे वंगण म्हणून काम करतो.

●